上海市建筑标准设计

混凝土模卡砌块建筑和结构构造

DBJT 08—113—2020
图集号：2020 沪 J107　2020 沪 G104

同济大学出版社

上海

图书在版编目（CIP）数据

混凝土模卡砌块建筑和结构构造 / 上海市房屋建筑

设计院有限公司主编 . -- 上海：同济大学出版社，

2023.5

　　　ISBN 978-7-5765-0834-5

　　　Ⅰ . ①混… Ⅱ . ①上… Ⅲ . ①混凝土模板—砌块结构

Ⅳ . ① TU755.2

中国国家版本馆 CIP 数据核字（2023）第 076401 号

混凝土模卡砌块建筑和结构构造

上海市房屋建筑设计院有限公司　主编

责任编辑　朱　勇
责任校对　徐春莲
封面设计　陈益平
出版发行　同济大学出版社　　　www.tongjipress.com.cn
　　　　　（地址：上海市四平路 1239 号　邮编：200092　电话：021-65985622）
经　　销　全国各地新华书店
印　　刷　浦江求真印务有限公司
开　　本　787mm×1092mm　1/16
印　　张　8.25
字　　数　201 000
版　　次　2023 年 5 月第 1 版
印　　次　2023 年 5 月第 1 次印刷
书　　号　ISBN 978-7-5765-0834-5
定　　价　80.00 元

上海市住房和城乡建设管理委员会文件

沪建标定〔2020〕234 号

上海市住房和城乡建设管理委员会
关于批准《混凝土模卡砌块建筑和结构构造》
为上海市建筑标准设计的通知

各有关单位：

由上海市房屋建筑设计院有限公司主编的《混凝土模卡砌块建筑和结构构造》，经审核，现批准为上海市建筑标准设计，统一编号为 DBJT 08-113-2020，图集号为 2020 沪 J107、2020 沪 G104，自 2020 年 10 月 1 日起实施。原《混凝土模卡砌块建筑和结构构造》（DBJT 08-113-2011）同时废止。

本标准设计由上海市住房和城乡建设管理委员会负责管理，上海市房屋建筑设计院有限公司负责解释。

特此通知。

上海市住房和城乡建设管理委员会

二〇二〇年五月十二日

《混凝土模卡砌块建筑和结构构造》
修订说明

　　本次修订系根据上海市住房和城乡建设管理委员会《关于印发〈2019 年上海市工程建设规范、建筑标准设计编制计划〉的通知》(沪建标定〔2018〕753 号) 要求，由上海市房屋建筑设计院有限公司作为主编单位，会同有关科研、设计、生产、施工单位，结合近几年混凝土模卡砌块的新研究成果和工程应用实践，对《混凝土模卡砌块建筑和结构构造》DBJT 08-113-2011 进行修编。

　　多年来，编制单位一直致力于建筑节能保温技术的研究，完成了上海市住房和城乡建设管理委员会的课题"配筋混凝土保温模卡砌块砌体在中高层居住建筑中的应用研究"，以及混凝土模卡砌块预制墙的相关研究，其成果作为主要章节编入了上海市工程建设规范《混凝土模卡砌块应用技术标准》DG/TJ 08-2087。

　　本次修订以上海市工程建设规范《混凝土模卡砌块应用技术标准》DG/TJ 08-2087 作为主要编制依据，在原图集的基础上增加了配筋混凝土模卡砌块和混凝土模卡砌块预制墙部分内容，并对原章节和内容进行了重新编排和修改。

主 编 单 位：　上海市房屋建筑设计院有限公司
参 编 单 位：　同济大学
　　　　　　　　上海模卡建筑工程科技发展有限公司
　　　　　　　　上海兴邦建筑技术有限公司
　　　　　　　　南通华新建工集团有限公司
　　　　　　　　上海浦东建筑设计研究院有限公司
主要起草人：　顾陆忠　姜晓红　王　新　程才渊　陈仰曾　王　俊　张学敏　刘　明　向　伟
　　　　　　　　丁安磊　朱元甜　陈丰华　施丁平　王英钦　钱忠勤　吕厚俊　吴　琦　丁　宏
主要审查人：　栗　新　王宝海　刘　涛　朱永明　周海波　张永明　林丽智

混凝土模卡砌块建筑和结构构造

批准部门：上海市住房和城乡建设管理委员会　批准文号：沪建标定〔2020〕234号

主编单位：上海市房屋建筑设计院有限公司　　统一编号：DBJT 08-113-2020

施行日期：2020年10月1日　　　　　　　　图集号：2020沪J107、2020沪G104

主编单位负责人：沈祖宏

主编单位技术负责人：姜晓红

技术审定人：刘陀红　王彩

设计负责人：姜晓红　刘明

目　录

	目　录		图集号	2020沪J107 2020沪G104
审核 顾陆忠	校对 姜晓红 姜晓红	设计 张学敏 张学敏	页	1

	目录	图集号	2020沪J107 2020沪G104
审核 顾陆忠 校对 姜晓红 姜晓红 设计 张学敏 张学敏		页	2

简称	200宽普通模卡砌块块型系列示例与代号		简称	240宽保温模卡砌块块型系列示例与代号	
4A			B4A		
4E	MK42A	MK42E	B4E	BMK4X2A	BMK4X2E
3A			B3A		
3E	MK32A	MK32E	B3E	BMK3X2A	BMK3X2E
2A			B2A		
2E	MK22A	MK22E	B2E	BMK2X2A	BMK2X2E

注：1. 普通模卡砌块和保温模卡砌块适用于多层砌体结构的承重墙（适用高度详见本图集第23页第2.2.4条第1款）或其他结构类型的填充墙。

2. 宽度120mm普通模卡砌块块型图参考本页200宽普通模卡砌块块型系列图；宽度225mm、260mm、320mm保温模卡砌块块型图参考本页240宽保温模卡砌块块型系列图。

3. 模卡砌块标识方法见本图集第6页。

模卡砌块块型图（一）

审核 顾陆忠　校对 姜晓红　姜晓红　设计 张学敏　张学敏

图集号	2020沪J107 2020沪G104
页	2

简称	200宽普通模卡砌块块型系列示例与代号		简称	240宽保温模卡砌块块型系列示例与代号	
X4A			BX4A		
X4E	XL42A	XL42E	BX4E	BXL4X2A	BXL4X2E
X2A			BX2A		
X2E	XL22A	XL22E	BX2E	BXL2X2A	BXL2X2E
			B1E	BMK1X2E	

注：本页模卡砌块的说明同本图集第2页。

模卡砌块块型图（二）

图集号	2020沪J107 2020沪G104

| 审核 | 顾陆忠 | | 校对 | 姜晓红 | 姜晓红 | 设计 | 张学敏 | 张学敏 | 页 | 3 |

简称	200宽配筋普通模卡砌块块型系列示例与代号		简称	200宽配筋普通模卡砌块块型系列示例与代号	
J4A			J3a		
	200 / 150 / 400	200 / 150 / 400		200 / 150 / 300 / 100	200 / 150 / 300 / 100
J4E	JMK42A	JMK42E	J3e	JMK32a	JMK32e
J4a			J2A		
	200 / 150 / 400 / 100	200 / 150 / 400 / 100		200 / 150 / 200	200 / 150 / 200
J4e	JMK42a	JMK42e	J2E	JMK22A	JMK22E
J3A			J2a		
	200 / 150 / 300	200 / 150 / 300		200 / 150 / 200 / 100	200 / 150 / 200 / 100
J3E	JMK32A	JMK32E	J2e	JMK22a	JMK22e

注：1. 配筋普通模卡砌块主要用于配筋砌体结构内墙，适用高度见本图集第60页第3.2.4条第3款。
　　2. 模卡砌块标识方法见本图集第6页。

模卡砌块块型图（三）

图集号	2020沪J107 2020沪G104
审核 顾陆忠　校对 姜晓红　设计 张学敏	页 4

简称	280宽配筋保温模卡砌块块型系列示例与代号		简称	280宽配筋保温模卡砌块块型系列示例与代号	
JB4A	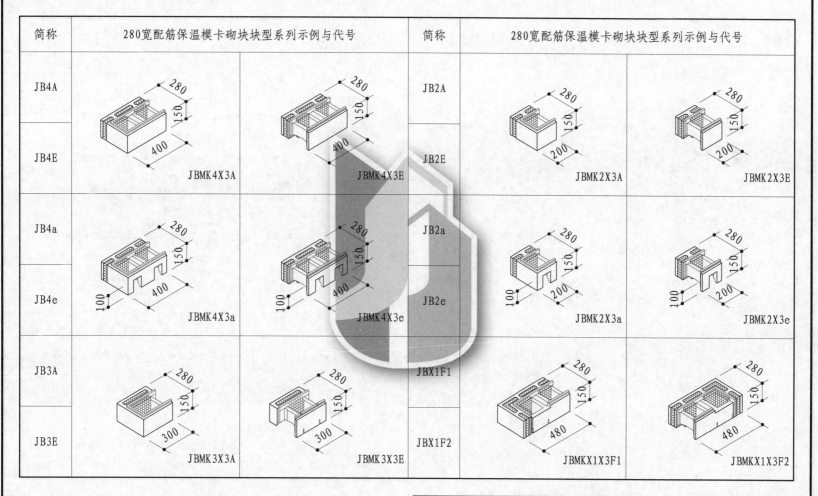		JB2A		
JB4E	JBMK4X3A	JBMK4X3E	JB2E	JBMK2X3A	JBMK2X3E
JB4a			JB2a		
JB4e	JBMK4X3a	JBMK4X3e	JB2e	JBMK2X3a	JBMK2X3e
JB3A			JBX1F1		
JB3E	JBMK3X3A	JBMK3X3E	JBX1F2	JBMKX1X3F1	JBMKX1X3F2

注：1. 配筋保温模卡砌块主要用于配筋砌体结构外墙，适用高度见本图集第60页
第3.2.4条第3款。
2. 模卡砌块标识方法见本图集第6页。

模卡砌块块型图（四）

图集号 2020沪J107
2020沪G104

审核 顾陆忠　校对 姜晓红　设计 张学敏　页 5

简称	280宽配筋保温模卡砌块块型系列示例与代号
JBX1f1 JBX1f2	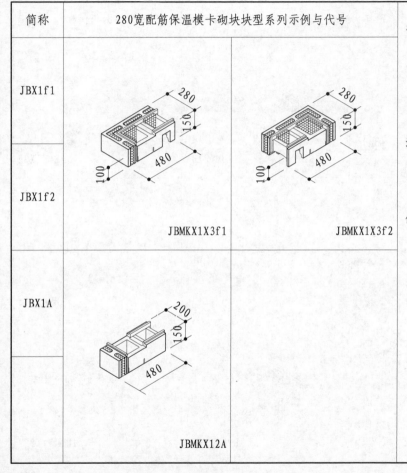 JBMKX1X3f1　　JBMKX1X3f2
JBX1A	JBMKX12A

模卡砌块标识方法:

大写字母表示类型　　　表示端部形式

用于保温砌块 ────────┐
用于配筋砌块　J　　B　　**　*　*　**

如:A表示端头块,E表示标准块
　　F表示转角块,F1、F2分别表示上下皮

表示标志长度(dm)　　　表示标志宽度(dm)

注:1.砌块长度*,对于长度为1dm倍数,用dm数表示,如果长度为480mm,则用X1表示。
　　2.砌块宽度*,对于宽度为1dm倍数,用dm数表示,如果宽度为225mm、240mm、280mm、260mm、320mm,分别用X1、X2、X3、X4、X5表示。
　　3.清扫孔砌块标识中端部形式用对应的小写字母表示。

例:1.规格尺寸400mm×240mm×150mm(长×宽×高)的标准保温模卡砌块标识为:

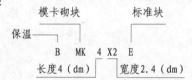

模卡砌块　　　　　标准块

保温 ──┐
　　　　B　MK　4　X2　E

长度4(dm)　　　宽度2.4(dm)

2.规格尺寸400mm×280mm×150mm(长×宽×高)的标准配筋保温模卡砌块标识为:

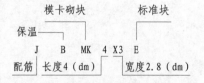

模卡砌块　　　　　标准块

保温 ──┐
　　J　B　MK　4　X3　E

配筋 长度4(dm)　　　宽度2.8(dm)

注:本页模卡砌块的说明同本图集第5页。

模卡砌块块型图(五)

图集号	2020沪J107 2020沪G104
审核 顾陆忠	校对 姜晓红 姜晓红	设计 张学敏 张学敏	页	6

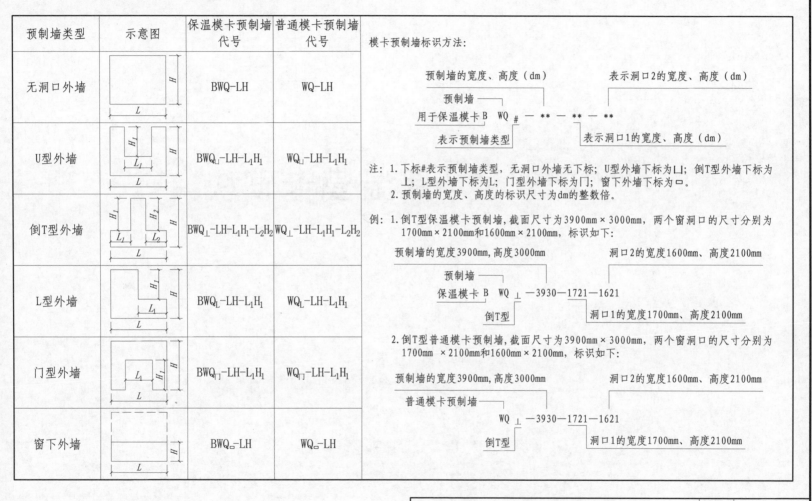

预制墙类型	示意图	保温模卡预制墙代号	普通模卡预制墙代号
无洞口外墙		BWQ-LH	WQ-LH
U型外墙		$BWQ_{凵}$-LH-L_1H_1	$WQ_{凵}$-LH-L_1H_1
倒T型外墙		$BWQ_{⊥}$-LH-L_1H_1-L_2H_2	$WQ_{⊥}$-LH-L_1H_1-L_2H_2
L型外墙		BWQ_L-LH-L_1H_1	WQ_L-LH-L_1H_1
门型外墙		$BWQ_门$-LH-L_1H_1	$WQ_门$-LH-L_1H_1
窗下外墙		$BWQ_□$-LH	$WQ_□$-LH

模卡预制墙标识方法:

预制墙的宽度、高度（dm） 表示洞口2的宽度、高度（dm）

预制墙

用于保温模卡 B　WQ # － ** － ** － **

表示预制墙类型 表示洞口1的宽度、高度（dm）

注: 1. 下标#表示预制墙类型，无洞口外墙无下标；U型外墙下标为凵；倒T型外墙下标为⊥；L型外墙下标为L；门型外墙下标为门；窗下外墙下标为□。
2. 预制墙的宽度、高度的标识尺寸为dm的整数倍。

例: 1. 倒T型保温模卡预制墙，截面尺寸为3900mm×3000mm，两个窗洞口的尺寸分别为1700mm×2100mm和1600mm×2100mm，标识如下:

预制墙的宽度3900mm，高度3000mm 洞口2的宽度1600mm、高度2100mm

预制墙

保温模卡 B　WQ ⊥ －3930－1721－1621

倒T型 洞口1的宽度1700mm、高度2100mm

2. 倒T型普通模卡预制墙，截面尺寸为3900mm×3000mm，两个窗洞口的尺寸分别为1700mm ×2100mm和1600mm×2100mm，标识如下:

预制墙的宽度3900mm，高度3000mm 洞口2的宽度1600mm、高度2100mm

普通模卡预制墙

WQ ⊥ －3930－1721－1621

倒T型 洞口1的宽度1700mm、高度2100mm

注: 本页模卡砌块的说明同本图集第5页。

模卡预制墙规格及代号

2 普通 / 保温模卡砌块

2.1 普通/保温模卡砌块砌体建筑设计
建筑设计说明

2.1.1 编制依据

1 本图集根据上海市住房和城乡建设管理委员会《关于印发〈2019年上海市工程建设规范、建筑标准设计编制计划〉的通知》（沪建标定〔2018〕753号）要求进行编制。

2 主要设计依据

《墙体材料应用统一技术规范》	GB 50574
《建筑设计防火规范》	GB 50016
《建筑节能工程施工质量验收规范》	GB 50411
《公共建筑节能设计标准》	GB 50189
《民用建筑热工设计规范》	GB 50176
《民用建筑隔声设计规范》	GB 50118
《砌体结构设计规范》	GB 50003
《夏热冬冷地区居住建筑节能设计标准》	JGJ 134
《外墙外保温工程技术规程》	JGJ 144
《外墙内保温工程技术规程》	JGJ/T 261
《建筑外墙防水工程技术规程》	JGJ/T 235
《聚合物水泥防水砂浆》	JC/T 984
《居住建筑节能设计标准》	DGJ 08-205
《公共建筑节能设计标准》	DGJ 08-107
《混凝土模卡砌块应用技术标准》	DG/TJ 08-2087
《岩棉板(带)薄抹灰外墙保温系统应用技术规程》	DG/TJ 08-2126
《泡沫玻璃保温系统应用技术规程》	DG/TJ 08-2193

2.1.2 适用范围

1 本部分适用的混凝土模卡砌块（简称"模卡砌块"）是指普通混凝土模卡砌块（简称"普通模卡砌块"）和保温混凝土模卡砌块（简称"保温模卡砌块"），以下条文的规定均针对本部分内容。

2 当具体工程应用过程中的砌块宽度与本图集不一致时，构造做法可根据工程实际情况参考使用本图集。

2.1.3 保温材料要求

1 墙体保温材料的产品质量、保温性能、燃烧性能等应符合国家、行业和本市现行有关标准与规定，并具备产品出厂合格证明和法定检测部门出具的检测合格报告。

2 本图集所示保温模卡砌块内插保温材料为模塑聚苯板（EPS），燃烧性能等级不低于B/1级，当量导热系数等热工性能指标见《混凝土模卡砌块应用技术标准》DG/TJ 08-2087-2019的表3.2.8。当内插其他保温材料时，构造做法可参考本图集，墙体热工性能指标应经试验检测确定。

3 保温材料的热工性能参数应按国家有关规范、标准选用，若有可靠试验数据且经论证的热工性能参数也可选用。

2.1.4 建筑模数协调

1 模卡砌块设计时，其建筑平面宜以100mm为模数。

2 普通模卡砌块墙体的轴线定位尺寸采用200mm墙厚居中定位。保温模卡砌块外墙须考虑建筑外墙梁、柱等热桥部位外保温层厚度，砌筑时砌块可挑出梁、柱面为25mm～30mm，以保证完成面平整。

3 当模卡砌块墙体竖向排块不满足模卡砌块高度150mm的模数时，可通过调整圈梁高度等方式调节；用作填充墙体时，模卡砌块墙顶部与结构梁的空隙可采用顶紧斜砌等方式调节。

2.1.5 墙体防裂与防水

1 模卡砌块填充墙与梁、柱结合的界面处（内外墙）在

	建筑设计说明（一）	图集号	2020沪J107 2020沪G104
审核 姜晓红 姜晓红	校对 刘明 刘明	设计 朱元甜	页 9

粉刷前基层设置镀锌钢丝网片,网片沿界面缝两侧各延伸200mm,或采取其他有效的防裂、盖缝措施。

2 保温模卡砌块与其他外墙保温材料连接处应做好防护措施,可采用在此连接处的抹面层粘贴耐碱玻纤网格布等方法,网格布的搭接、翻边以及相应的增强做法应符合《外墙外保温工程技术规程》JGJ 144、《外墙内保温工程技术规程》JGJ/T 261的有关规定。

3 模卡砌块外墙应按《建筑外墙防水工程技术规程》JGJ/T 235设置防水措施,房屋屋面的保温、隔热及檐部墙身的防水、防潮应按规范要求加强。

4 砌块墙体的防裂或减轻开裂构造措施尚应遵循《砌体结构设计规范》GB 50003-2011第6.5节的有关要求。

2.1.6 墙体防火

1 墙体应满足《建筑设计防火规范》GB 50016对不同部位的耐火极限和燃烧性能要求。模卡砌块灌浆砌体的燃烧性能和耐火极限应符合表2.1.6的规定。

表2.1.6 模卡砌块灌浆砌体墙的燃烧性能和耐火极限

模卡砌块灌浆砌体厚度（mm）	耐火极限（h）	燃烧性能
120厚普通模卡砌块砌体	2	不燃性
200厚普通模卡砌块砌体	4	不燃性
225、240厚保温模卡砌块砌体	4	不燃性

注：1. 墙体粉刷均为20mm厚的预拌砂浆双面抹灰。
　　2. 变形缝内的填充材料和变形缝的构造基层应采用不燃材料。电线、电缆等不宜穿越变形缝。
　　3. 电气线路不应穿越或敷设在燃烧性能为B₁级的保温材料中；设置开关、插座等电器配件的部位,其周围应采取不燃隔热材料分隔等措施。

2.1.7 墙体隔声

1 模卡砌块砌体墙空气声计权隔声量≥50dB,满足《民用建筑隔声设计规范》GB 50118中对一般民用建筑空气声计权隔声量的要求。对于隔声要求较高的其他建筑,可通过选用装饰材料提高其隔声性能。

2 工程设计中应避免墙体两侧同一位置设管线、接线盒。

2.1.8 节能设计

1 本图集外墙按采用保温模卡砌块构造示例,在具体工程应用中还应满足国家或地方现行建筑节能设计标准的要求。普通模卡砌块节能设计可参照相关外墙保温标准、图集选用。

2 外墙保温构造

1）实际工程中,当采用本图集示例的保温砌块不能满足建筑节能设计标准时,可根据实际情况附加辅助保温。

2）外墙热桥部位应进行保温处理,外露混凝土构件可采用附加外保温或附加内保温措施,外墙热桥部位主要常用保温材料见表2.1.8。

表2.1.8 保温材料热工性能表

保温材料名称	导热系数 [W/(m·K)]	密度 (kg/m³)	燃烧性能等级
岩棉板	≤0.040	≥140	A
岩棉带	≤0.048	≥80	A
泡沫玻璃160型	≤0.058	≤168	A

注：1. 混凝土构件附加保温层可采用免拆模板复合保温板技术。
　　2. 保温材料的具体性能以各应用标准为准。

2.1.9 模卡砌块体主要物理性能参数

详见本图集第123~125页。

建筑设计说明(二)	图集号	2020沪J107 2020沪G104
审核 姜晓红　校对 刘明　设计 朱元甜	页	10

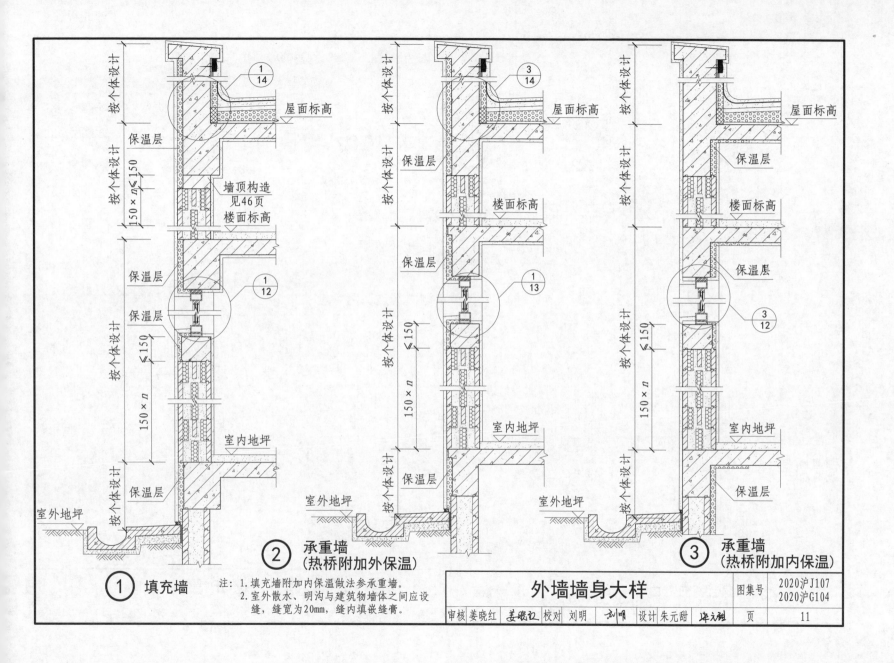

墙顶构造
见46页
楼面标高

保温层

保温层

保温层

保温层

保温层

室内地坪

室外地坪

屋面标高

保温层

楼面标高

保温层

室内地坪

室外地坪

屋面标高

保温层

楼面标高

保温层

室内地坪

室外地坪

按个体设计

按个体设计

按个体设计

① 填充墙

② 承重墙
(热桥附加外保温)

③ 承重墙
(热桥附加内保温)

注：1.填充墙附加内保温做法参承重墙。
    2.室外散水、明沟与建筑物墙体之间应设
      缝，缝宽为20mm，缝内填嵌缝膏。

外墙墙身大样

图集号　2020沪J107
　　　　2020沪G104

审核 姜晓红 姜晓红 校对 刘明 刘明 设计 朱元甜 朱元甜 页 11

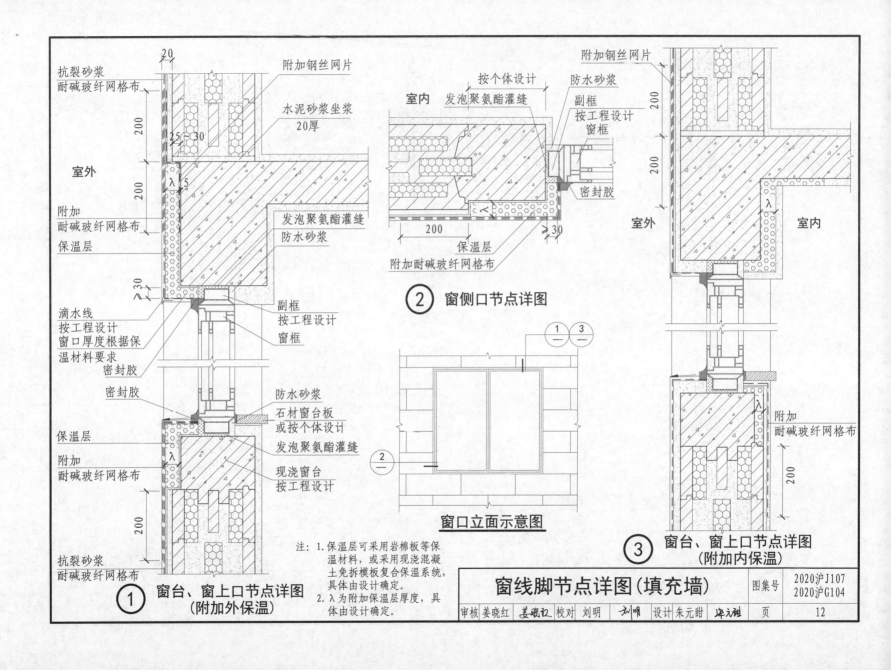

抗裂砂浆
耐碱玻纤网格布

室外

附加
耐碱玻纤网格布

保温层

滴水线
按工程设计
窗口厚度根据保
温材料要求
密封胶

密封胶

保温层

附加
耐碱玻纤网格布

抗裂砂浆
耐碱玻纤网格布

20

200

200

25~30

λ 5

≥30

λ

200

附加钢丝网片

水泥砂浆坐浆
20厚

发泡聚氨酯灌缝
防水砂浆

副框
按工程设计
窗框

防水砂浆
石材窗台板
或按个体设计
发泡聚氨酯灌缝
现浇窗台
按工程设计

① 窗台、窗上口节点详图
（附加外保温）

室内

按个体设计
发泡聚氨酯灌缝

防水砂浆
副框
按工程设计
窗框

密封胶

200
保温层
≥30
λ

附加耐碱玻纤网格布

② 窗侧口节点详图

附加钢丝网片

200

200

室外

λ

室内

λ

附加
耐碱玻纤网格布

200

③ 窗台、窗上口节点详图
（附加内保温）

① ③

②

窗口立面示意图

注：1.保温层可采用岩棉板等保
温材料，或采用现浇混凝
土免拆模板复合保温系统，
具体由设计确定。
2.λ为附加保温层厚度，具
体由设计确定。

窗线脚节点详图(填充墙)

图集号	2020沪J107 2020沪G104
审核 姜晓红 *姜晓红* 校对 刘明 *刘明* 设计 朱元甜 *朱元甜*	页 12

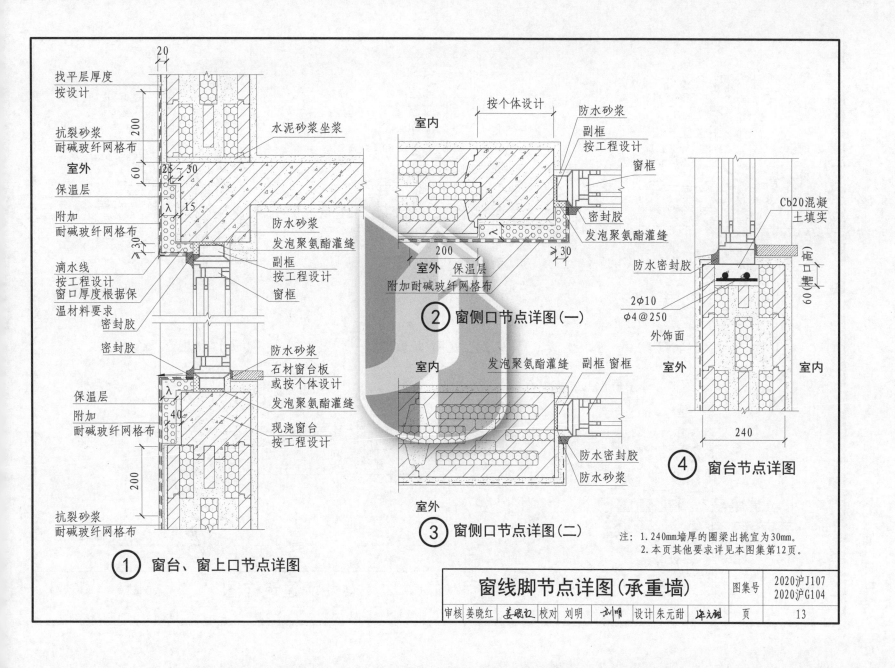

找平层厚度
按设计

抗裂砂浆
耐碱玻纤网格布

室外

保温层

附加
耐碱玻纤网格布

滴水线
按工程设计
窗口厚度根据保
温材料要求

密封胶

密封胶

保温层

附加
耐碱玻纤网格布

抗裂砂浆
耐碱玻纤网格布

20

200

60

25～30

λ

15

λ

≥30

40

200

200

水泥砂浆坐浆

防水砂浆

发泡聚氨酯灌缝

副框
按工程设计

窗框

防水砂浆

石材窗台板
或按个体设计

发泡聚氨酯灌缝

现浇窗台
按工程设计

① 窗台、窗上口节点详图

室内

按个体设计

防水砂浆

副框
按工程设计

窗框

密封胶

发泡聚氨酯灌缝

室外　保温层

附加耐碱玻纤网格布

200

λ

≥30

② 窗侧口节点详图(一)

室内

发泡聚氨酯灌缝　副框　窗框

防水密封胶

防水砂浆

室外

③ 窗侧口节点详图(二)

Cb20混凝
土填实

防水密封胶

2φ10
φ4@250

外饰面

室外

室内

240

④ 窗台节点详图

注: 1.240mm墙厚的圈梁出挑宜为30mm。
2.本页其他要求详见本图集第12页。

窗线脚节点详图(承重墙)

图集号	2020沪J107 2020沪G104

| 审核 姜晓红 | 姜晓红 | 校对 刘明 | 刘明 | 设计 朱元甜 | 朱元甜 | 页 | 13 |

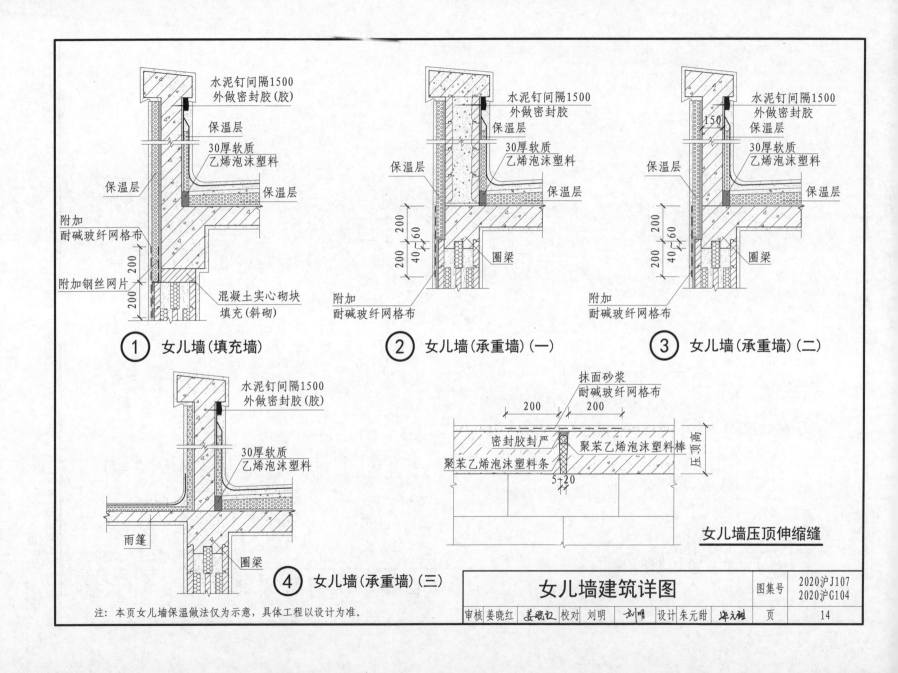

水泥钉间隔1500
外做密封胶(胶)

保温层

30厚软质
乙烯泡沫塑料

保温层

保温层

附加
耐碱玻纤网格布

附加钢丝网片

混凝土实心砌块
填充(斜砌)

200
200
200

① 女儿墙(填充墙)

水泥钉间隔1500
外做密封胶

保温层

30厚软质
乙烯泡沫塑料

保温层

保温层

圈梁

附加
耐碱玻纤网格布

200
200
40
60

② 女儿墙(承重墙)(一)

水泥钉间隔1500
外做密封胶

保温层

30厚软质
乙烯泡沫塑料

保温层

保温层

圈梁

附加
耐碱玻纤网格布

150
200
200
40
60

③ 女儿墙(承重墙)(二)

水泥钉间隔1500
外做密封胶(胶)

30厚软质
乙烯泡沫塑料

雨篷

圈梁

④ 女儿墙(承重墙)(三)

抹面砂浆
耐碱玻纤网格布

密封胶封严

聚苯乙烯泡沫塑料棒

聚苯乙烯泡沫塑料条

200
200
压顶高
5~20

女儿墙压顶伸缩缝

女儿墙建筑详图

注：本页女儿墙保温做法仅为示意，具体工程以设计为准。

图集号
2020沪J107
2020沪G104

审核 姜晓红 姜晓红 校对 刘明 刘明 设计 朱元甜 岸元祖 页 14

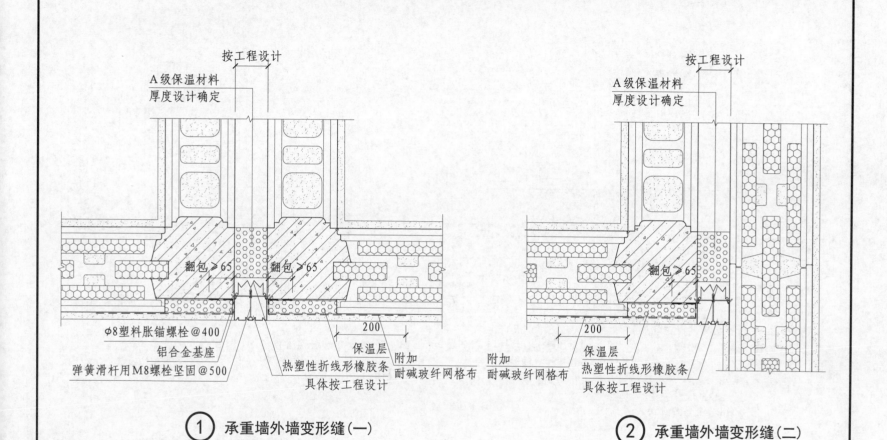

按工程设计

A级保温材料
厚度设计确定

翻包≥65   翻包≥65

φ8塑料胀锚螺栓@400

铝合金基座

弹簧滑杆用M8螺栓坚固@500

热塑性折线形橡胶条
具体按工程设计

保温层

附加
耐碱玻纤网格布

200

① 承重墙外墙变形缝(一)

按工程设计

A级保温材料
厚度设计确定

翻包≥65

200

附加
耐碱玻纤网格布

保温层

热塑性折线形橡胶条
具体按工程设计

② 承重墙外墙变形缝(二)

注：保温层可采用岩棉板等保温材料，或采用现浇混凝土免拆模板
    复合保温系统，具体由设计确定。

墙身变形缝节点详图(一)	图集号	2020沪J107 2020沪G104
审核 姜晓红 *姜晓红* 校对 刘明 *刘明* 设计 朱元甜 *朱元甜*	页	15

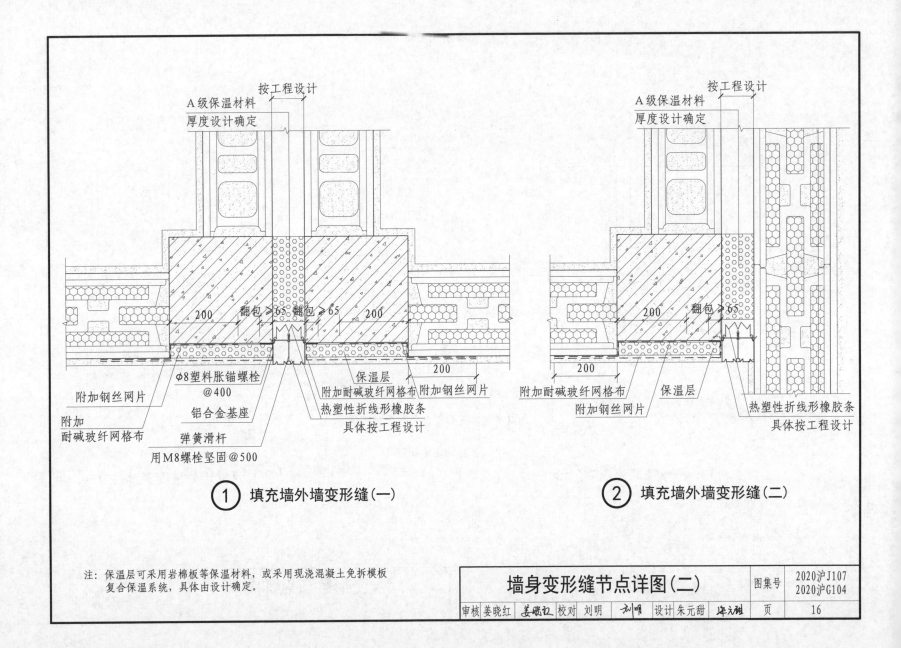

按工程设计

A级保温材料
厚度设计确定

200 翻包≥65 翻包≥65 200

附加钢丝网片

附加
耐碱玻纤网格布

φ8塑料胀锚螺栓
@400

铝合金基座

弹簧滑杆

用M8螺栓坚固@500

保温层

附加耐碱玻纤网格布 附加钢丝网片

热塑性折线形橡胶条
具体按工程设计

① 填充墙外墙变形缝(一)

按工程设计

A级保温材料
厚度设计确定

200 翻包≥65

200

附加耐碱玻纤网格布

附加钢丝网片

保温层

热塑性折线形橡胶条
具体按工程设计

② 填充墙外墙变形缝(二)

注：保温层可采用岩棉板等保温材料，或采用现浇混凝土免拆模板
复合保温系统，具体由设计确定。

墙身变形缝节点详图(二)

| 图集号 | 2020沪J107 |
| | 2020沪G104 |

| 审核 | 姜晓红 | 姜晓红 | 校对 | 刘明 | 刘明 | 设计 | 朱元甜 | 朱元甜 | 页 | 16 |

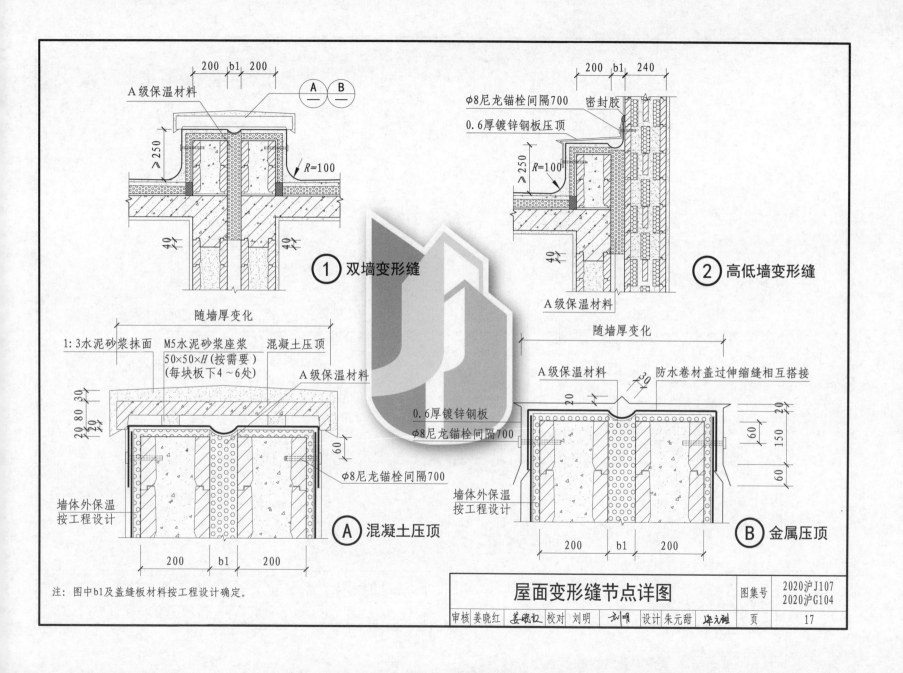

① 双墙变形缝

② 高低墙变形缝

A级保温材料

φ8尼龙锚栓间隔700　密封胶
0.6厚镀锌钢板压顶

≥250

R=100

A级保温材料

随墙厚变化

1:3水泥砂浆抹面　M5水泥砂浆座浆
50×50×H（按需要）
（每块板下4～6处）　混凝土压顶

A级保温材料

0.6厚镀锌钢板
φ8尼龙锚栓间隔700

φ8尼龙锚栓间隔700

墙体外保温
按工程设计

Ⓐ 混凝土压顶

200　b1　200

随墙厚变化

A级保温材料　防水卷材盖过伸缩缝相互搭接

墙体外保温
按工程设计

Ⓑ 金属压顶

200　b1　200

注：图中b1及盖缝板材料按工程设计确定。

屋面变形缝节点详图

图集号 2020沪J107
2020沪G104

审核 姜晓红　姜晓红　校对 刘明　刘明　设计 朱元甜　朱元甜

页 17

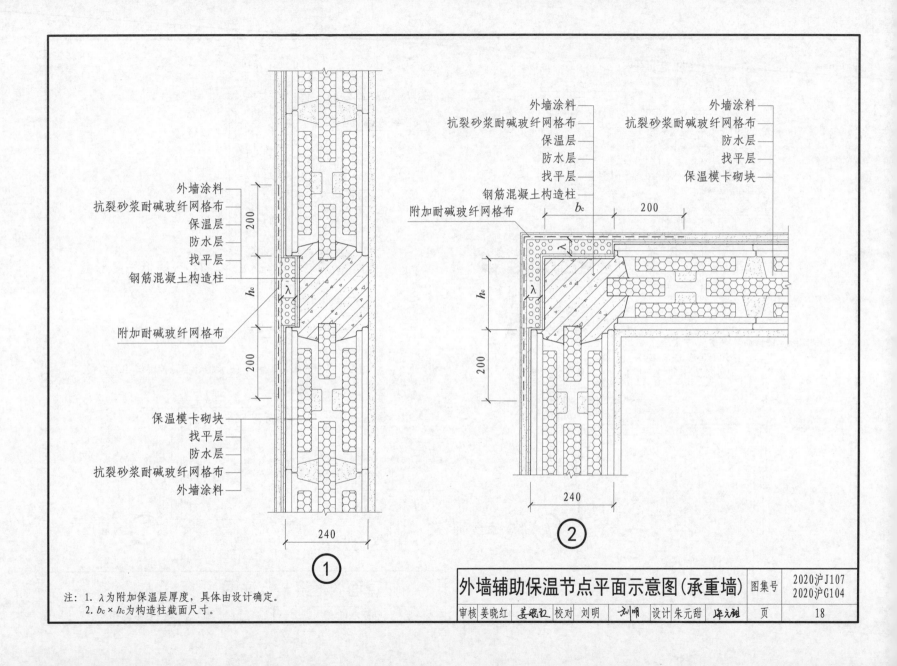

外墙涂料
抗裂砂浆耐碱玻纤网格布
保温层
防水层
找平层
钢筋混凝土构造柱

附加耐碱玻纤网格布

保温模卡砌块
找平层
防水层
抗裂砂浆耐碱玻纤网格布
外墙涂料

240

①

外墙涂料
抗裂砂浆耐碱玻纤网格布
保温层
防水层
找平层

钢筋混凝土构造柱

附加耐碱玻纤网格布

外墙涂料
抗裂砂浆耐碱玻纤网格布
防水层
找平层
保温模卡砌块

240

240

②

注：1. λ为附加保温层厚度，具体由设计确定。
   2. $b_c \times h_c$为构造柱截面尺寸。

外墙辅助保温节点平面示意图(承重墙)

图集号	2020沪J107 2020沪G104
审核 姜晓红 姜晓红 校对 刘明 刘明 设计 朱元甜 朱元甜	页 18

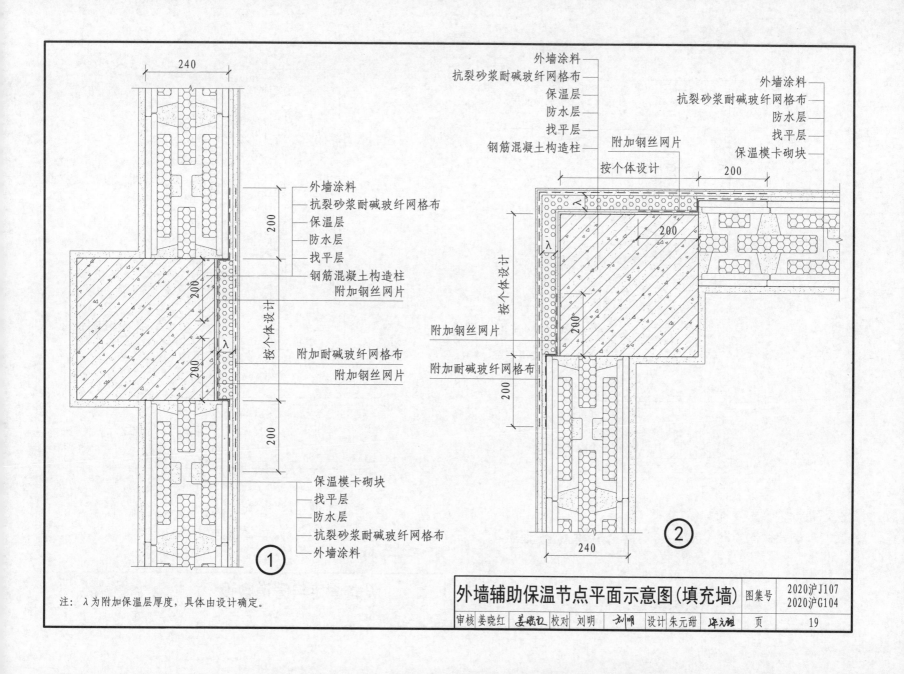

240

外墙涂料
抗裂砂浆耐碱玻纤网格布
保温层
防水层
找平层
钢筋混凝土构造柱
附加钢丝网片

200

按个体设计

附加耐碱玻纤网格布
附加钢丝网片

200

200

保温模卡砌块
找平层
防水层
抗裂砂浆耐碱玻纤网格布
外墙涂料

①

外墙涂料
抗裂砂浆耐碱玻纤网格布
保温层
防水层
找平层
钢筋混凝土构造柱
附加钢丝网片
按个体设计

外墙涂料
抗裂砂浆耐碱玻纤网格布
防水层
找平层
保温模卡砌块

200

200

按个体设计

200

附加钢丝网片

附加耐碱玻纤网格布

200

240

②

注：λ为附加保温层厚度，具体由设计确定。

外墙辅助保温节点平面示意图(填充墙)

图集号 2020沪J107
2020沪G104

| 审核 | 姜晓红 | 姜晓红 | 校对 | 刘明 | 刘明 | 设计 | 朱元甜 | 朱元甜 | 页 | 19 |

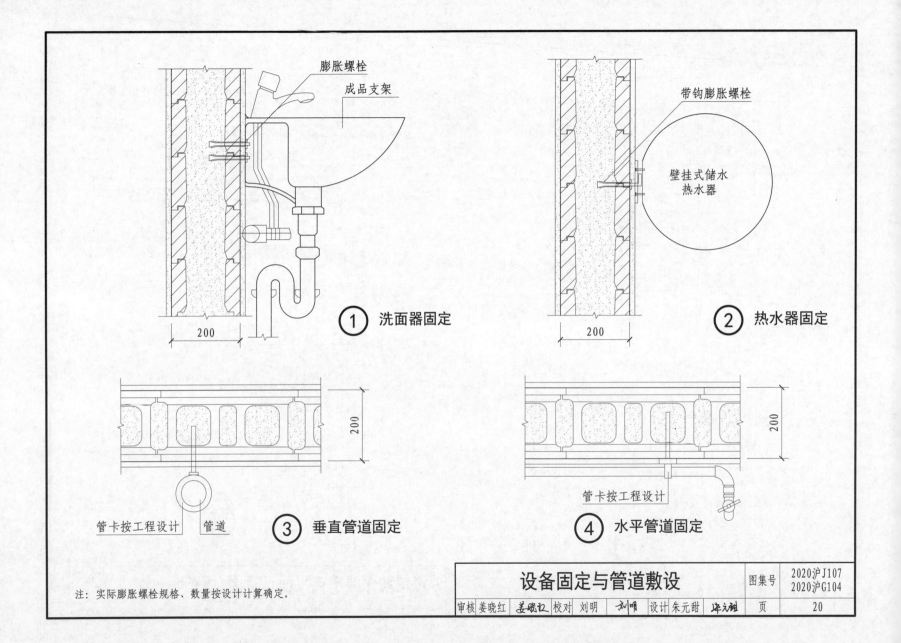

膨胀螺栓

成品支架

带钩膨胀螺栓

壁挂式储水
热水器

① 洗面器固定

200

② 热水器固定

200

200

管卡按工程设计   管道

③ 垂直管道固定

管卡按工程设计

200

④ 水平管道固定

注：实际膨胀螺栓规格、数量按设计计算确定。

设备固定与管道敷设

图集号 2020沪J107
2020沪G104

审核 姜晓红 姜晓红 校对 刘明 刘明 设计 朱元甜 朱元甜

页 20

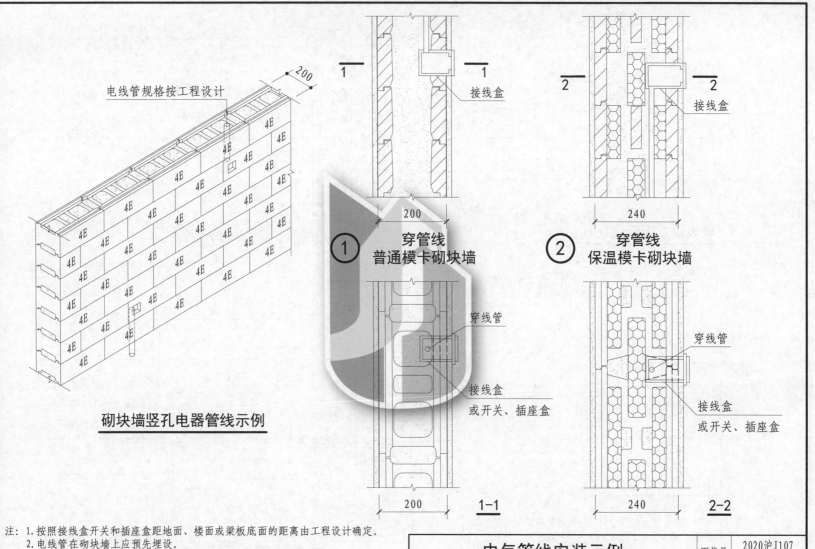

电线管规格按工程设计

砌块墙竖孔电器管线示例

① 穿管线 普通模卡砌块墙

② 穿管线 保温模卡砌块墙

接线盒

接线盒

穿线管

接线盒 或开关、插座盒

穿线管

接线盒 或开关、插座盒

1—1

2—2

注：1.按照接线盒开关和插座盒距地面、楼面或梁板底面的距离由工程设计确定。
2.电线管在砌块墙上应预先埋设。
3.电气线路不应穿越或敷设在燃烧性能为B₁级的保温材料中；设置开关、插座等电器配件的部位，其周围应采取不燃隔热材料分隔等措施。

电气管线安装示例

图集号	2020沪J107 2020沪G104
审核 姜晓红 姜晓红 校对 刘明 刘明 设计 朱元甜 朱元甜	页 21

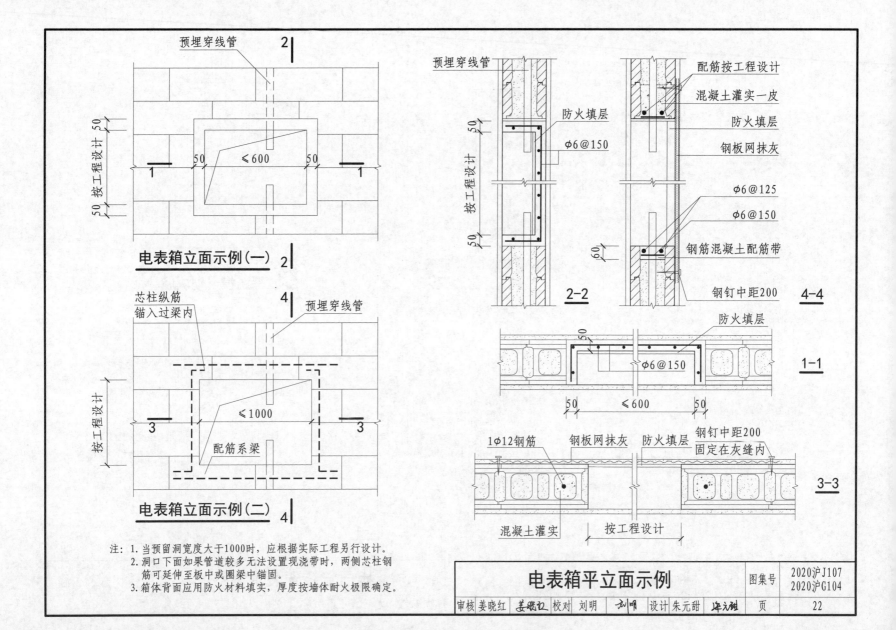

电表箱立面示例(一)

电表箱立面示例(二)

预埋穿线管

按工程设计 50 50

50 ≤600 50

1 1

2 2

芯柱纵筋锚入过梁内

预埋穿线管

按工程设计

3 3

≤1000

配筋系梁

4 4

预埋穿线管

防火填层

φ6@150

按工程设计 50

50

2-2

配筋按工程设计

混凝土灌实一皮

防火填层

钢板网抹灰

φ6@125

φ6@150

钢筋混凝土配筋带

钢钉中距200

60

4-4

防火填层

50

φ6@150

50 ≤600 50

1-1

1φ12钢筋 钢板网抹灰 防火填层 钢钉中距200固定在灰缝内

混凝土灌实 按工程设计

3-3

注：1. 当预留洞宽度大于1000时，应根据实际工程另行设计。
　　2. 洞口下面如果管道较多无法设置现浇带时，两侧芯柱钢筋可延伸至板中或圈梁中锚固。
　　3. 箱体背面应用防火材料填实，厚度按墙体耐火极限确定。

电表箱平立面示例

图集号 2020沪J107 2020沪G104

审核 姜晓红 姜晓红 校对 刘明 刘明 设计 朱元甜 朱元甜 页 22

2.2 普通／保温模卡砌块砌体结构设计
结构设计说明

2.2.1 编制依据

1 本图集根据上海市住房和城乡建设管理委员会《关于印发〈2019年上海市工程建设规范、建筑标准设计编制计划〉的通知》(沪建标定〔2018〕753号)要求进行编制。

2 主要设计依据

《砌体结构设计规范》	GB 50003
《建筑抗震设计规范》	GB 50011
《混凝土结构设计规范》	GB 50010
《砌体结构工程施工质量验收规范》	GB 50203
《混凝土砌块（砖）砌体用灌孔混凝土》	JGJ 861
《混凝土小型空心砌块建筑技术规程》	JGJ/T 14
《建筑抗震设计规程》	DGJ 08-9
《混凝土模卡砌块技术要求》	DB31/T 962
《混凝土模卡砌块应用技术标准》	DG/TJ 08-2087

2.2.2 适用范围

1 本部分适用的混凝土模卡砌块（简称"模卡砌块"）是指普通混凝土模卡砌块（简称"普通模卡砌块"）和保温混凝土模卡砌块（简称"保温模卡砌块"），以下条文的规定均针对本部分内容。

2 本部分适用于模卡砌块主要规格为400mm×200mm×150mm（长×宽×高）的普通模卡砌块和主规400mm×240mm×150mm、400mm×225mm×150mm的保温模卡砌块。模卡砌块体积空心率应在30%～46%之间，规格尺寸详见本图集第105～112页。

3 具体工程应用过程中的砌块宽度与本图集不一致时，可根据工程实际情况参考使用本图集。

2.2.3 材料要求

1 砌块性能应满足《混凝土模卡砌块技术要求》DB31/T 962

的规定。

2 构造柱、圈梁、过梁、现浇混凝土带等构件的混凝土强度等级不应低于C20，芯柱、系梁、混凝土配筋带等的混凝土强度等级不应低于Cb20。

3 钢筋的选用应符合《混凝土结构设计规范》GB 50010的规定。

2.2.4 结构构造要求

1 砌块房屋总高度、层数、房屋最大高宽比、抗震横墙的间距和墙体局部尺寸等应符合《混凝土模卡砌块应用技术标准》DG/TJ 08-2087的有关规定。

2 模卡砌块砌体结构耐久性设计应满足《混凝土模卡砌块应用技术标准》DG/TJ08-2087的有关规定。

3 模卡砌块砌体除满足强度计算要求外，尚应符合下列要求：

1）室内地面以下或防潮层以下的砌体（地下室内墙除外），模卡砌块强度等级不低于MU10.0，并应采用强度等级不低于Cb20的混凝土灌实。

2）对于承重砌体结构，模卡砌块砌体的砌体强度等级不应低于MU7.5，其灌孔浆料强度等级不应低于Mb7.5。

3）框架结构填充墙模卡砌块强度等级不应低于MU5，其灌孔浆料强度等级不应低于Mb5。

4）六层及六层以上承重模卡砌块砌体结构房屋底层，模卡砌块强度等级不应低于MU10，灌孔浆料强度等级不应低于Mb10。

4 模卡砌块砌体自重详见本图集第125页的附表3。

5 构造柱、芯柱

1）构造柱的设置要求见《混凝土模卡砌块应用技术标准》DG/TJ 08-2087的相关规定。

结构设计说明（一）	图集号	2020沪J107 2020沪G104
审核 顾陆忠 校对 王新 设计 姜晓红	页	23

表2.2.4　构造柱配筋及墙体拉结钢筋设置要求

烈度		7度		8度	
构造柱	截面	不宜小于200mm×200mm			
	纵筋	≤5层	>5层	≤4层	>4层
		≥4φ12	≥4φ14	≥4φ12	≥4φ14
	箍筋	φ6@250/125	φ6@200/100	φ6@250/125	φ6@200/100
	水平拉结钢筋（沿墙高）	底部1/3楼层@450mm通长设置；其余楼层@450mm伸入墙体≥1m		底部1/2楼层@450mm通长设置；其余楼层@450mm伸入墙体≥1m	
		2φ6水平钢筋和φ4分布短筋平面内点焊组成的拉结钢筋或φ4钢筋网片			

注：1. 外墙转角的构造柱宜适当加大截面及配筋。
　　2. 对横墙较少的多层住宅增设构造柱的要求见《混凝土模卡砌块应用技术标准》DG/TJ 08-2087的有关规定。

2）多层模卡砌块砌体房屋构造柱的截面、配筋及与砌块墙的连接应符合表2.2.4的要求。

3）保温模卡砌块砌体结构中，构造柱的宽度宜小于墙厚25mm～30mm，以利于外贴保温材料。

4）保温模卡砌块砌体不宜转角搭接灌筑，宜在转角处或横纵墙交接处设混凝土构造柱；普通模卡砌块砌体可在转角处或横纵墙交接处设置芯柱，芯柱不应少于2孔，采用Cb20灌孔混凝土灌筑，每孔内应配置不少于1φ12纵向钢筋。7度超过五层，8度超过四层，插筋不应小于1φ14。墙体的水平拉结钢筋可采用2φ6水平钢筋和φ4分布短筋平面内点焊组成的拉结网片或φ4钢筋网片，并沿墙体通长布置。

5）当横墙较少的多层住宅的总高度和层数接近或达到规

定限值，横墙的中部用芯柱代替构造柱加强时，应增设2个芯柱，在纵、横墙内的柱距不宜大于3.0m,芯柱每孔插筋的直径不应小于18mm。

6）芯柱或构造柱可不单独设基础，但应伸入室外地面下500mm，或与埋深不小于500mm的基础圈梁连接。

6 圈梁

1）多层房屋内外承重墙应层层设置现浇钢筋混凝土圈梁。圈梁应连续地设在同一水平面上，并形成封闭状；当圈梁被门窗洞口截断时，应在洞口上部增设相同截面的附加圈梁。附加圈梁与圈梁的搭接长度不应小于其中至中垂间距的2倍，且不得小于1m；当搭接长度受截面限制不能满足时，可用立柱（或构造柱）代替，使上、下圈梁闭合。

2）普通模卡砌体钢筋混凝土圈梁的宽度与墙厚相同，圈梁高度不应小于150mm，基础圈梁截面高度不应小于180mm，混凝土强不应低于C20，纵向钢筋绑扎接头的搭接，长度应按受拉钢筋考虑。

3）圈梁宜与楼板设在同一标高处，并嵌入混凝土模卡砌块凹口内，嵌入深度不小于40mm。

4）保温模卡砌体结构中，圈梁的宽度宜小于墙体厚度25mm～30mm，以利于外贴保温材料，且每层圈梁设置出挑(详见本图集第13页节点①)或其他承托措施。

7 楼梯间

1）突出屋顶的楼、电梯间，构造柱应伸到顶部并与顶部圈梁连接。所有墙体应沿墙高每隔450mm通长设2φ6钢筋和φ4分布短筋平面内点焊组成的拉结片或φ4点焊网片。

2）顶层楼梯间墙体应沿墙高每隔450mm通长设2φ6钢筋和φ4分布短筋平面内点焊组成的拉结网片或φ4点焊钢筋网片。

结构设计说明(二)	图集号	2020沪J107 2020沪G104
审核 顾陆忠　　校对 王新　　设计 姜晓红	页	24

3）其他各楼层楼梯间墙体应在休息平台或楼层半高处设置60mm厚的钢筋混凝土带，其宽度不小于墙厚（保温模卡砌块不小于墙厚减30mm），混凝土强度等级不宜低于C20，纵向钢筋不应少于2φ10。

8　模卡砌块填充墙

1）模卡砌块填充墙在平面和竖向布置时，宜均匀对称，避免形成薄弱层或短柱。

2）框架与模卡砌块填充墙的连接方式，可根据设计要求采用脱开或不脱开方法。当有抗震设防要求时，宜采用脱开方法，具体做法见本图集第47页。

3）填充墙应全高每隔450mm设置2φ6拉筋和φ4分布短筋平面内点焊组成的拉结网片或φ4点焊钢筋网片，深入墙内的长度，7度时宜沿墙体全长贯通，8度时应全长贯通。

4）当墙高超过4m时，墙体半高宜设置与柱连接且沿墙全长贯通的钢筋混凝土水平系梁。水平系梁高度不小于60mm，宽度与墙厚相同（保温模卡砌块不小于墙厚减30mm）。填充墙高度不宜大于6m，当墙高超过6m时，宜沿墙高每隔2m设置与柱连接的水平系梁。

5）当墙长大于5m或2倍层高时，宜在墙体中部设置钢筋混凝土构造柱。纵向钢筋不应小于4φ10，箍筋直径不宜小于6mm，间距不宜大于250mm。

6）楼梯间和人流通道的填充墙，应采用钢丝网砂浆面层加强。

9　模卡砌块砌体墙与后砌隔墙

1）模卡砌块砌体墙与后砌隔墙交接处，应沿墙高每隔450mm在孔槽内设置不少于2φ6拉筋，每边伸入长度不应小于600mm，隔墙接口处200mm范围孔内用Cb20混凝土灌孔。

2）8度高度大于5m的后砌隔墙，墙顶应与楼板或梁顶拉结，独立墙肢端部及大门洞边宜设置混凝土构造柱。

10　房屋顶层宜根据情况采取下列措施：

1）屋面应设置保温、隔热层。屋面保温（隔热）层或屋面刚性面层及其砂浆找平层应设置分隔缝，分隔缝间距不宜大于60m，其缝宽不小于30mm，并与女儿墙隔开。

2）顶层屋面板下设置现浇钢筋混凝土圈梁，并沿内外墙拉通。房屋两端圈梁下的墙体内设置水平钢筋。

3）顶层及女儿墙灌孔浆料强度等级不应低于Mb7.5。

4）顶层纵横墙相交处及沿墙长每隔4m设钢筋混凝土构造柱，有女儿墙的构造柱应伸至女儿墙顶并与现浇钢筋混凝土压顶整浇在一起。

5）顶层纵横墙每隔450mm高度在模卡砌块水平凹槽内应设2根通长拉筋，拉筋直径不应小于6mm。

6）顶层纵横墙每隔2000mm在模卡砌块孔内增设1φ12（保温模卡砌块为2φ10）插筋，插入上、下层圈梁内35d。

11　为防止或减轻墙体开裂，可采用以下措施：

1）建筑物宜简单、规则，其刚度与质量宜分布均匀，纵墙转折不宜多，横墙间距不宜过大，建筑物长高比不宜大于3。

2）为减少墙体因沉降或是温差引起的墙体裂缝，可设置伸缩缝、沉降缝等措施或其他加强措施。

3）房屋端部、底层第一和第二开间及顶层、次顶层门窗洞口周边设置插筋芯柱或构造柱、现浇钢筋混凝土带、水平钢筋网片等加强措施，见本图集第50～52页。

4）房屋内外墙易产生裂缝部位（如温度应力较大的部位、填充墙界面部位等），应在墙面设置抗裂网格布或钢丝网片等防裂措施后，再做粉刷。

结构设计说明（三）	图集号	2020沪J107 2020沪G104
审核 顾陆忠　校对 王新 王新　设计 姜晓红 姜晓红	页	25

2.2.5 施工注意事项

1 模卡砌块墙体应先砌筑砌块，后灌浆，再浇构造柱。

2 模卡砌块砌筑前应在找平后基层面上用20mm厚的1:2预拌砌筑砂浆座浆。砂浆未硬化前要就位，使水泥砂浆嵌入砌块孔槽内，硬化后砌块应与砂浆粘结在一起。最底层一排模卡砌块灌浆前，应在模卡砌块底部先灌50mm厚与灌孔浆料相同强度等级的预拌砌筑砂浆铺底后，再灌灌孔浆料。

3 模卡砌块摆砖时，上、下皮砌块应对孔、错缝搭接。个别情况下无法对孔时，错孔搭接长度不应小于90mm。当不能满足要求时，应在水平凹槽中设2φ6拉结钢筋，拉结筋两端距离该垂直缝不得小于400mm，竖向通缝不得超过2皮模卡砌块。

4 模卡砌体砌块之间不留灰缝，模卡砌块间的缝隙应做到横平竖直，模卡砌块砌筑中的累积误差可用M10预拌砌筑砂浆调整。

5 普通模卡砌块砌体每3～5皮灌筑灌孔浆料一次；保温模卡砌块砌体则应一皮一灌，严禁用水冲浆灌缝，也不得采用石子、木楔等垫塞灰缝的操作方法。灌筑时，应用专用插入式振动棒振捣密实，并有灌浆料泌出砌体缝隙。如未发现有灌浆料泌出砌体缝隙，可用锤击法分辨其密实与否。

6 模卡砌块砌体灌浆时，前后二次灌浆面应留在距模卡砌块内卡口以下40mm～60mm处，使砌体面与灌浆面不在同一水平面上。

7 模卡砌块不应与黏土砖混合使用，当需要采用预制混凝土块镶砌时，应保证相同强度等级。

8 模卡砌块应保证有28d龄期，出厂应有合格证。施工现场应按规格、强度堆放，排水通畅。

9 保温砌块灌浆前应先插入砌块间的保温板，灌浆时应采用专用插入式振动棒振捣密实，防止保温板上浮，灌浆后应及时清理保温板上口残留的灌浆材料，使保温板上、下连续。

10 模卡砌块砌体内外墙、纵横墙交错处可采用钢筋混凝土构造柱连接，普通模卡砌块砌体墙也可采用钢筋混凝土芯柱加强。构造柱与模卡砌块间应封堵墙体水平槽，不同材料不得混杂。

11 构造柱与圈梁连接处，构造柱的纵筋应在圈梁纵筋内侧穿过，保证构造柱纵筋上、下贯通。

12 按设计要求设芯柱，应在模卡砌块填充墙孔洞中插筋并灌填灌孔混凝土，按照构造柱施工方法施工。在模卡砌块墙内增设插筋时，可将插筋分段插入，分段插筋搭接长度应符合相关规范及设计要求。

13 现浇混凝土圈梁可直接在灌浆后的模卡砌块上按设计要求浇捣。现浇圈梁混凝土应灌入下部模卡砌块内卡口下40mm～60mm。

14 普通模卡砌块灌筑的女儿墙在泛水高度以下应用Cb20灌孔混凝土灌实。

15 灌孔混凝土所用不同部位，见表2.2.5，其他部位采用灌孔混凝土的，按设计要求确定。

16 外墙采用保温模卡砌块灌筑时，梁柱等热桥构件可凹进砌体，凹进宽度不宜大于30mm，热桥构件外用符合设计要求的保温材料粘贴或粉刷，然后与墙体界面同步做饰面处理。

17 模卡砌体外墙应先做防水层，后再做外粉刷。当采用面砖外饰面时，应先做防水砂浆底层，再使用陶瓷粘结剂粘贴与填缝剂嵌缝。

结构设计说明(四)	图集号	2020沪J107 2020沪G104

表2.2.5　灌孔混凝土使用部位

砌体墙类型	灌孔混凝土
普通模卡砌块 承重墙	1）室内地面以下或防潮层以下使用普通模卡砌块的墙体用Cb20灌孔（地下室内墙除外）。 2）门、窗洞口两侧墙体，在模卡砌块第一个插筋主孔洞内用Cb20灌孔。 3）窗台位置处150mm高窗台带。模卡砌块上、下水平槽内各配2φ10钢筋，用Cb20灌孔。 4）女儿墙墙体，用Cb20灌孔
填充墙 后砌隔墙	1）墙长大于5.0m时，每隔5.0m设置构造芯柱的插筋孔内用Cb20灌孔。 2）砌块墙与后砌隔墙交接处，隔墙接口处200mm范围孔内用Cb20灌孔混凝土灌实
保温模卡砌块 承重墙	1）室内地面以下或防潮层以下使用保温墙体，用Cb20灌孔。 2）门、窗洞口两侧墙体，在模卡砌块插筋主孔洞内用Cb20灌孔。 3）窗台位置处150mm高窗台带。模卡砌块上、下水平槽内各配2φ10钢筋，用Cb20灌孔
保温模卡砌块 填充墙	墙长大于5.0m时，每隔5.0m设置构造芯柱的插筋孔内用Cb20灌孔

18 砌体相邻工作段的高度差，不得超过一个楼层高度，也不宜大于4m。工作段的分段位置宜设在伸缩缝、沉降缝、防震缝、构造柱或门窗洞口处。

19 模卡砌体在灌浆前应先利用水平和垂直槽孔预埋管道.不应随意在墙体上开凿沟槽或打洞。当无法避免时，必须待灌浆达到设计强度，并采取必要措施或按削弱的截面验算墙体的承载力，满足相关规范的要求，经设计同意后方可进行。

20 模卡砌块砌体工程施工前，应对有关人员进行培训。

2.2.6 其他

1 普通模卡砌块墙体的砌块主要以200mm表示，保温模卡砌块墙体厚度主要以240mm表示，其他厚度砌块墙节点可参照本图集。

2 本图集尺寸，除注明者外均以毫米（mm）计，标高以米（m）计，未注尺寸的均按工程设计。

3 图集中未尽事项均应遵循国家现行标准、规范规定。

结构设计说明（五）	图集号	2020沪J107 2020沪G104
审核 顾陆忠 　　 校对 王新 　　 设计 姜晓红	页	27

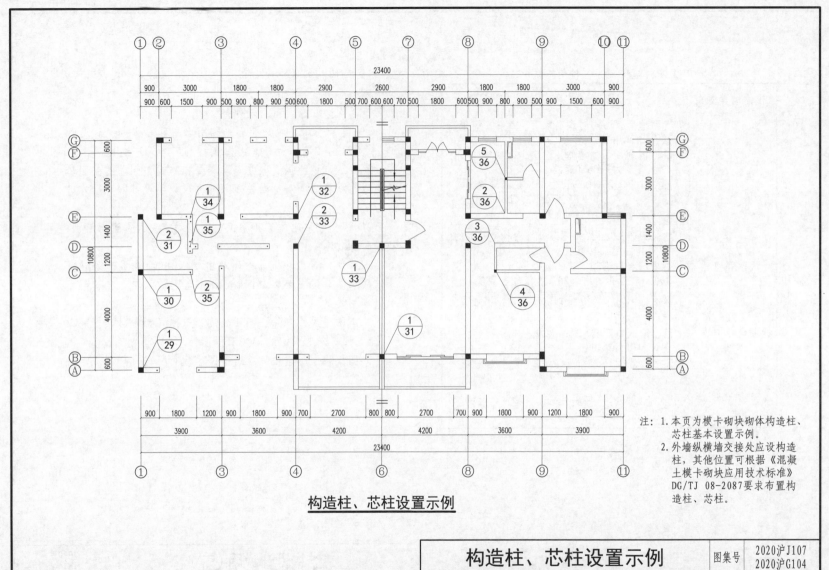

构造柱、芯柱设置示例

注：1. 本页为模卡砌块砌体构造柱、芯柱基本设置示例。

2. 外墙纵横墙交接处应设构造柱，其他位置可根据《混凝土模卡砌块应用技术标准》DG/TJ 08-2087要求布置构造柱、芯柱。

构造柱、芯柱设置示例	图集号	2020沪J107 2020沪G104
审核 王新 王新 校对 姜晓红 姜晓红 设计 张学敏 张学敏	页	28

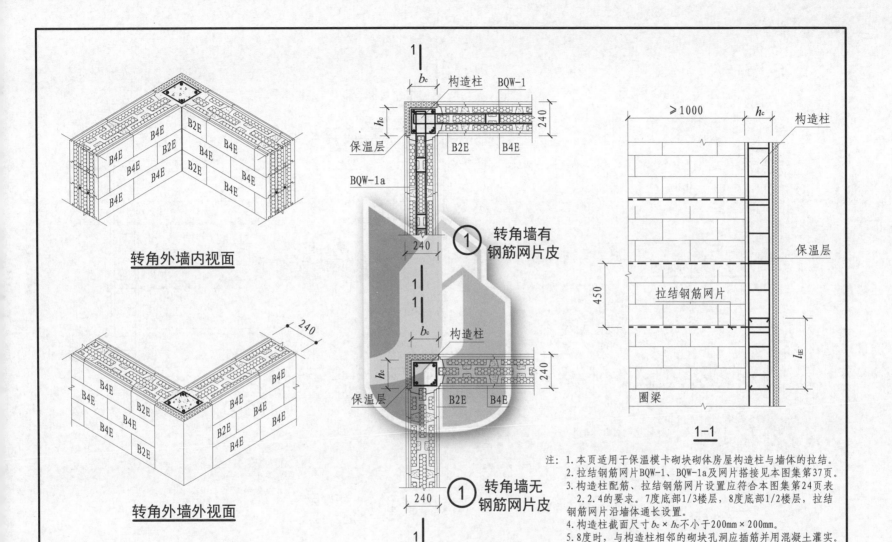

转角外墙内视面

转角外墙外视面

转角墙有钢筋网片皮

转角墙无钢筋网片皮

1-1

注：1. 本页适用于保温模卡砌块砌体房屋构造柱与墙体的拉结。
2. 拉结钢筋网片BQW-1、BQW-1a及网片搭接见本图集第37页。
3. 构造柱配筋、拉结钢筋网片设置应符合本图集第24页表
　 2.2.4的要求。7度底部1/3楼层，8度底部1/2楼层，拉结
　 钢筋网片沿墙体通长设置。
4. 构造柱截面尺寸 $b_c \times h_c$ 不小于200mm×200mm。
5. 8度时，与构造柱相邻的砌块孔洞应插筋并用混凝土灌实。

有构造柱外墙的拉结(一)	图集号	2020沪J107 2020沪G104
审核 王新 王新 校对 姜晓红 姜晓红 设计 张学敏 张学敏	页	29

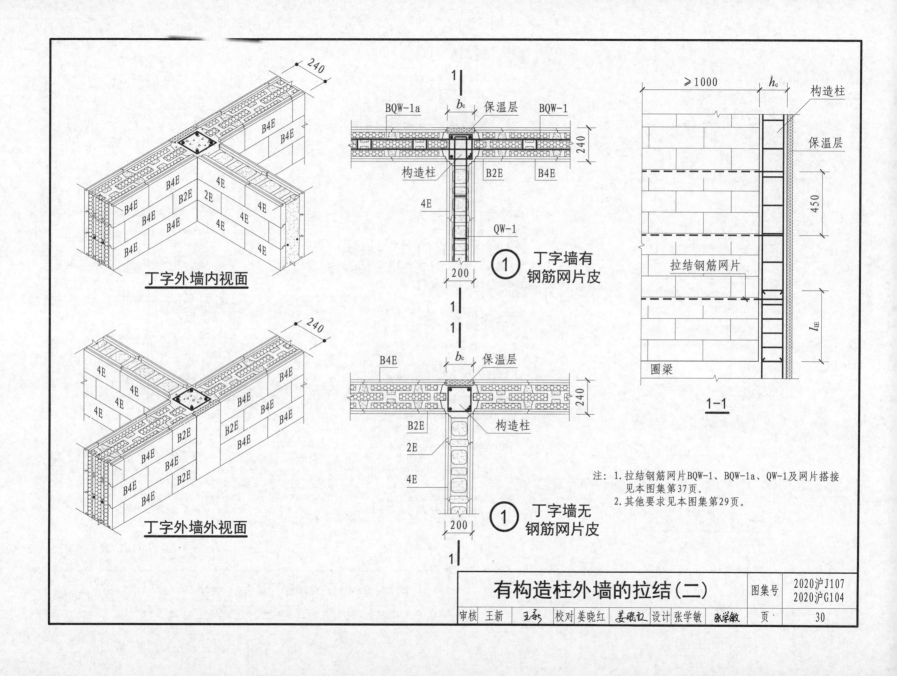

丁字外墙内视面

丁字外墙外视面

① 丁字墙有
钢筋网片皮

① 丁字墙无
钢筋网片皮

1-1

注：1. 拉结钢筋网片BQW-1、BQW-1a、QW-1及网片搭接
见本图集第37页。
2. 其他要求见本图集第29页。

有构造柱外墙的拉结(二)	图集号	2020沪J107 2020沪G104
审核 王新 王务 校对 姜晓红 姜晓红 设计 张学敏 张学敏	页	30

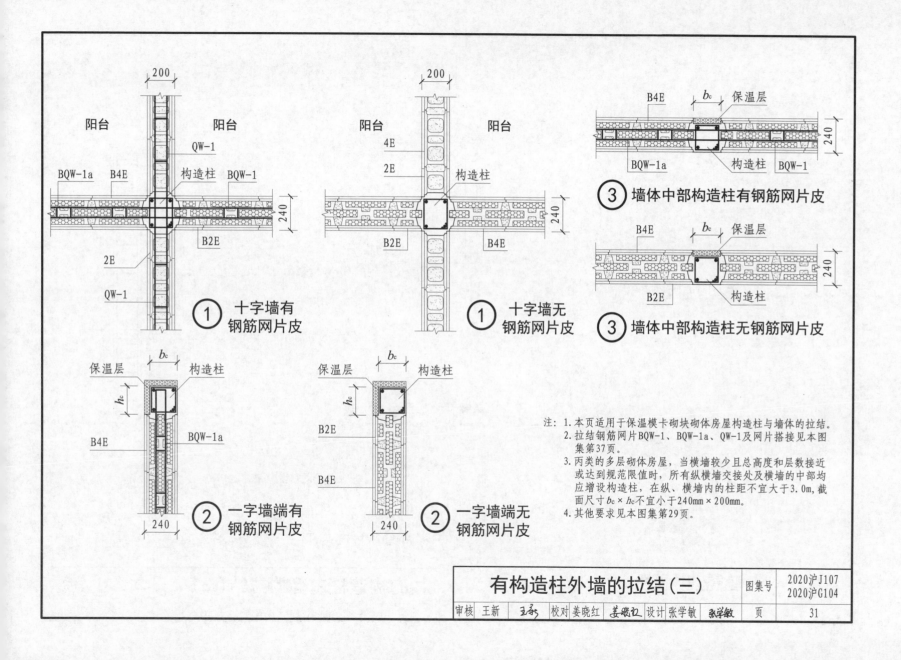

①十字墙有钢筋网片皮

①十字墙无钢筋网片皮

②一字墙端有钢筋网片皮

②一字墙端无钢筋网片皮

③墙体中部构造柱有钢筋网片皮

③墙体中部构造柱无钢筋网片皮

注: 1.本页适用于保温模卡砌块砌体房屋构造柱与墙体的拉结。
2.拉结钢筋网片BQW-1、BQW-1a、QW-1及网片搭接见本图集第37页。
3.丙类的多层砌体房屋，当横墙较少且总高度和层数接近或达到规范限值时，所有纵横墙交接处及横墙的中部均应增设构造柱，在纵、横墙内的柱距不宜大于3.0m，截面尺寸 $b_c \times h_c$ 不宜小于240mm×200mm。
4.其他要求见本图集第29页。

有构造柱外墙的拉结 (三)	图集号	2020沪J107 2020沪G104
审核 王新 王新 校对 姜晓红 姜晓红 设计 张学敏 张学敏	页	31

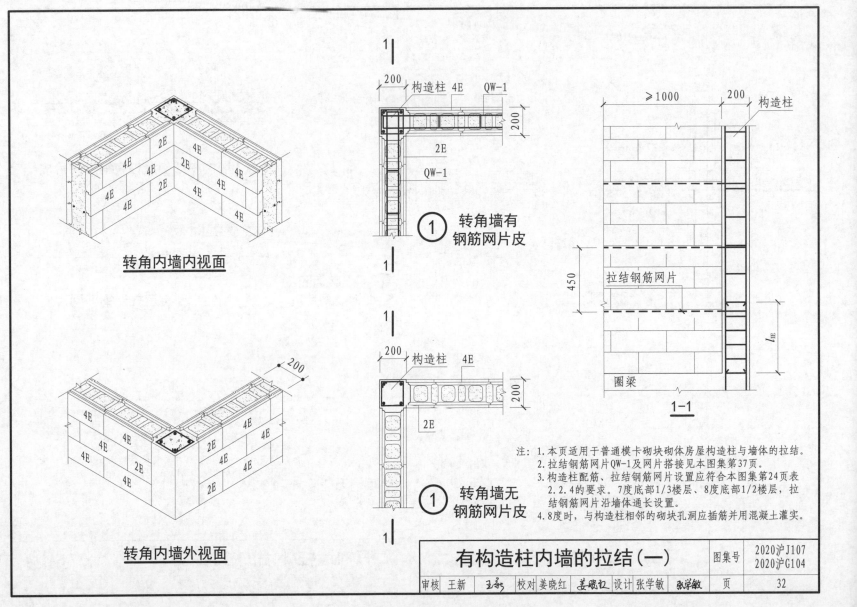

转角内墙内视面

转角内墙外视面

200 构造柱 4E QW-1

200

2E

QW-1

① 转角墙有钢筋网片皮

200 构造柱 4E

200

2E

① 转角墙无钢筋网片皮

≥1000 200 构造柱

拉结钢筋网片

450

圈梁

l_{lE}

1-1

注：1.本页适用于普通模卡砌块砌体房屋构造柱与墙体的拉结。
2.拉结钢筋网片QW-1及网片搭接见本图集第37页。
3.构造柱配筋、拉结钢筋网片设置应符合本图集第24页表
2.2.4的要求。7度底部1/3楼层、8度底部1/2楼层，拉
结钢筋网片沿墙体通长设置。
4.8度时，与构造柱相邻的砌块孔洞应插筋并用混凝土灌实。

有构造柱内墙的拉结(一)	图集号	2020沪J107 2020沪G104

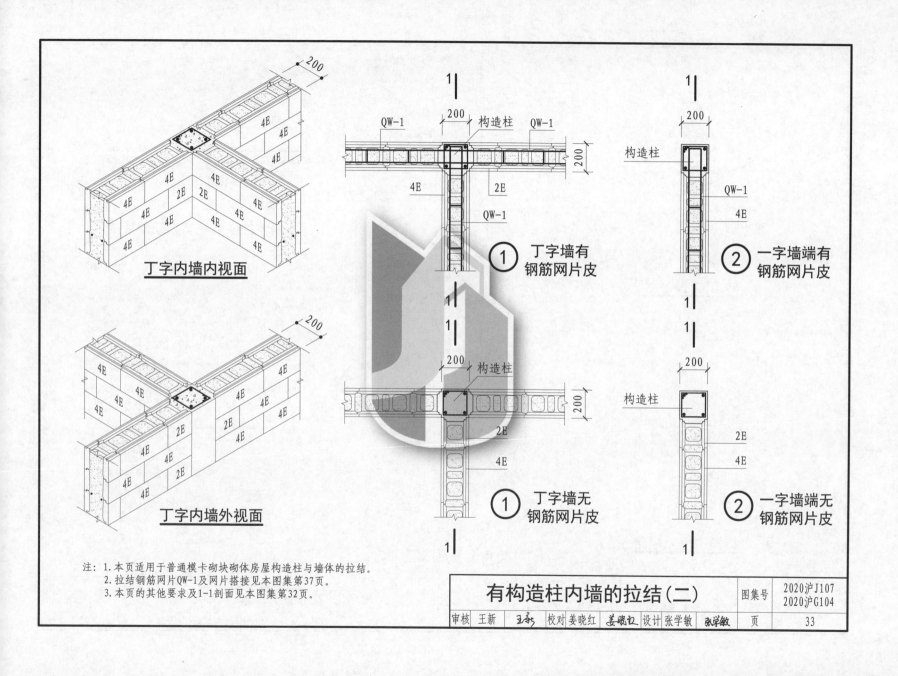

丁字内墙内视面

丁字内墙外视面

① 丁字墙有钢筋网片皮

① 丁字墙无钢筋网片皮

② 一字墙端有钢筋网片皮

② 一字墙端无钢筋网片皮

注：1. 本页适用于普通模卡砌块砌体房屋构造柱与墙体的拉结。
2. 拉结钢筋网片QW-1及网片搭接见本图集第37页。
3. 本页的其他要求及1-1剖面见本图集第32页。

有构造柱内墙的拉结(二)	图集号	2020沪J107 2020沪G104
审核 王新 王新 校对 姜晓红 姜晓红 设计 张学敏 张学敏	页	33

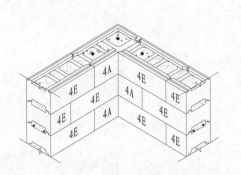

转角内墙内视面

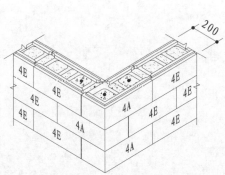

转角内墙外视面

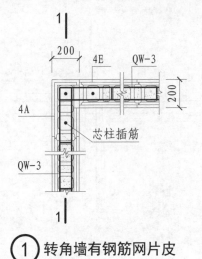

① **转角墙有钢筋网片皮**

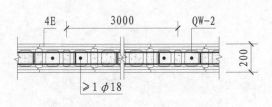

② **墙体加强芯柱有钢筋网片皮**

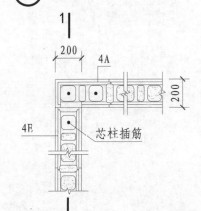

① **转角墙无钢筋网片皮**

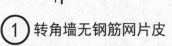

1—1

注：1. 拉结钢筋网片QW-2、QW-3及其搭接见本图集第37页。
　　2. 芯柱插筋、拉结钢筋网片设置应符合本图集第24页第2.2.4条第5款的第4项及
　　　　表2.2.4的要求。
　　3. 墙体加强芯柱设置要求见本图集第24页第2.2.4条第5款的第5项。
　　4. 芯柱的竖向插筋应贯通墙身，且与圈梁连接。

有芯柱内墙的拉结（一）	图集号	2020沪J107 2020沪G104

| 审核 | 王新 | 王新 | 校对 | 姜晓红 | 姜晓红 | 设计 | 张学敏 | 张学敏 | 页 | 34 |

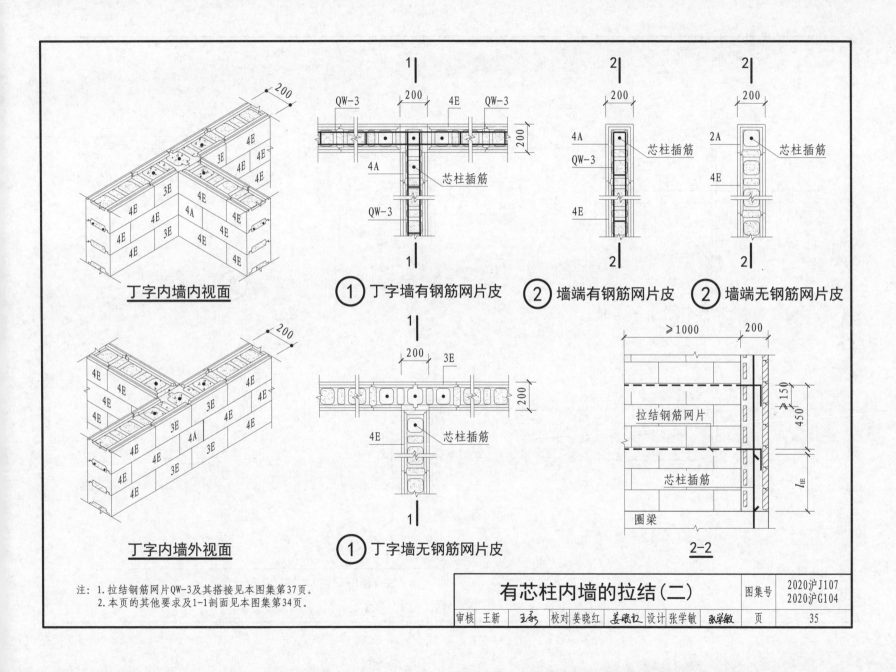

丁字内墙内视面

丁字内墙外视面

① 丁字墙有钢筋网片皮　② 墙端有钢筋网片皮　② 墙端无钢筋网片皮

① 丁字墙无钢筋网片皮

2-2

注：1. 拉结钢筋网片QW-3及其搭接见本图集第37页。
　　2. 本页的其他要求及1-1剖面见本图集第34页。

有芯柱内墙的拉结（二）

图集号	2020沪J107 2020沪G104
审核 王新　王新　校对 姜晓红　姜晓红　设计 张学敏　张学敏	页	35

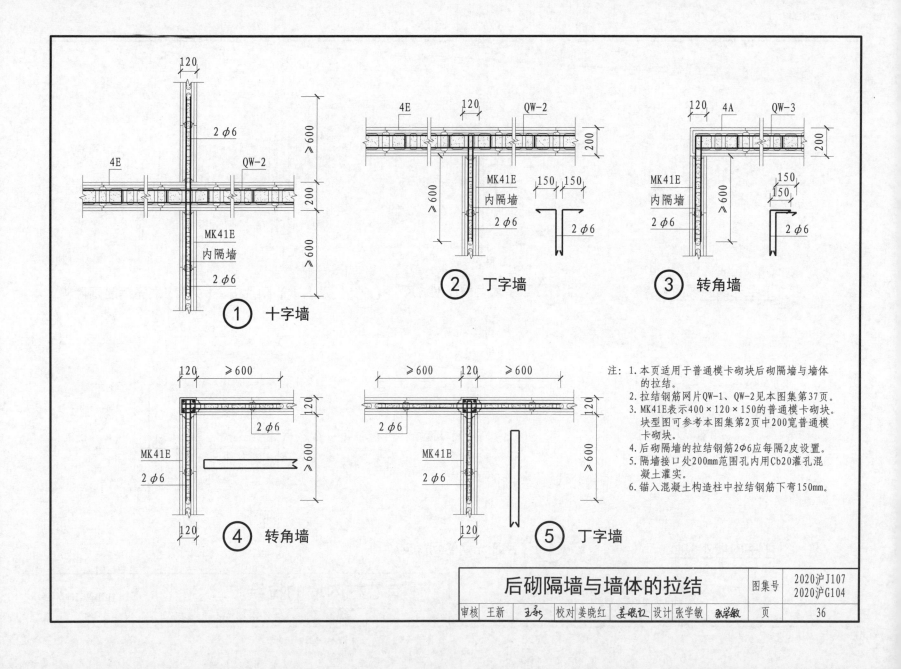

① 十字墙

② 丁字墙

③ 转角墙

④ 转角墙

⑤ 丁字墙

注：1. 本页适用于普通模卡砌块后砌隔墙与墙体的拉结。
    2. 拉结钢筋网片QW-1、QW-2见本图集第37页。
    3. MK41E表示400×120×150的普通模卡砌块。块型图可参考本图集第2页中200宽普通模卡砌块。
    4. 后砌隔墙的拉结钢筋2φ6应每隔2皮设置。
    5. 隔墙接口处200mm范围孔内用Cb20灌孔混凝土灌实。
    6. 锚入混凝土构造柱中拉结钢筋下弯150mm。

后砌隔墙与墙体的拉结	图集号	2020沪J107 2020沪G104
审核 王新 王新 校对 姜晓红 姜晓红 设计 张学敏 张学敏	页	36

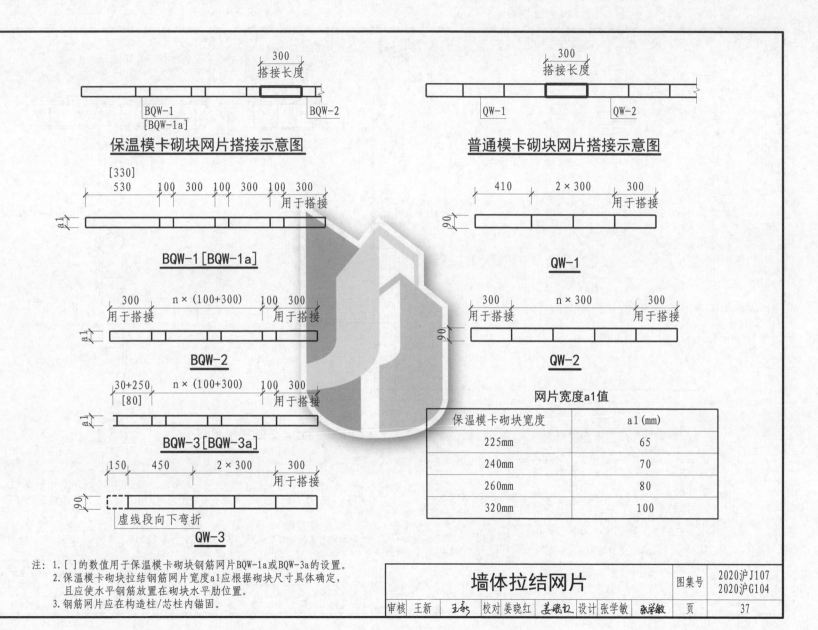

保温模卡砌块网片搭接示意图

300 搭接长度

BQW-1
[BQW-1a]   BQW-2

普通模卡砌块网片搭接示意图

300 搭接长度

QW-1   QW-2

[330]
530 100 300 100 300 100 300
用于搭接

a1

BQW-1 [BQW-1a]

410 2×300 300
用于搭接

90

QW-1

300 n×(100+300) 100 300
用于搭接   用于搭接

a1

BQW-2

300 n×300 300
用于搭接   用于搭接

90

QW-2

30+250 n×(100+300) 100 300
[80]   用于搭接

a1

BQW-3 [BQW-3a]

150 450 2×300 300
用于搭接

90
虚线段向下弯折

QW-3

网片宽度a1值

保温模卡砌块宽度	a1(mm)
225mm	65
240mm	70
260mm	80
320mm	100

注: 1. [ ]的数值用于保温模卡砌块钢筋网片BQW-1a或BQW-3a的设置。
　　2. 保温模卡砌块拉结钢筋网片宽度a1应根据砌块尺寸具体确定,
　　　 且应使水平钢筋放置在砌块水平肋位置。
　　3. 钢筋网片应在构造柱/芯柱内锚固。

墙体拉结网片

				图集号	2020沪J107 2020沪G104
审核	王新 王新	校对	姜晓红 姜晓红	设计 张学敏 张学敏	
				页	37

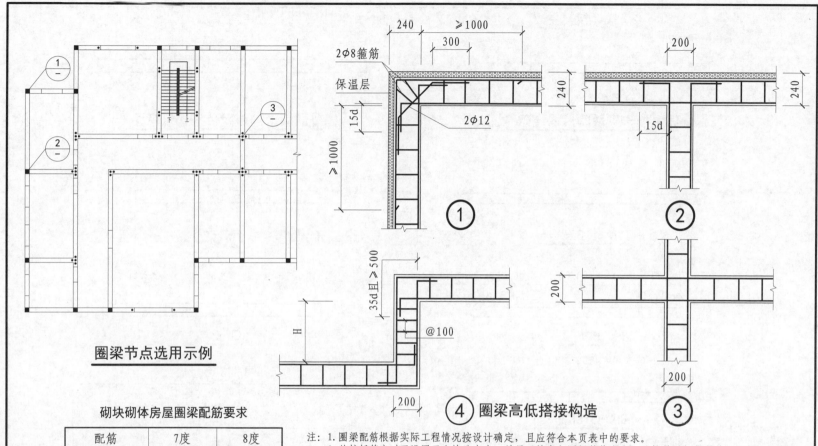

圈梁节点选用示例

砌块砌体房屋圈梁配筋要求

配筋	7度	8度
最小纵筋	4φ10	4φ12
箍筋	φ6@250	φ6@200
圈梁高度	不应小于150mm	

注：圈梁混凝土强度等级不应低于C20

④ 圈梁高低搭接构造

注：1. 圈梁配筋根据实际工程情况按设计确定，且应符合本页表中的要求。
2. 芯柱插筋应对正设置于砌块孔中央，并贯通墙身与圈梁整体现浇，芯柱数量根据具体工程按设计确定。
3. 圈梁纵向钢筋不应小于相应配筋砌体墙的水平钢筋，且应小于4φ12；圈梁箍筋直径不应小于φ8，间距不应大于200mm；当圈梁高度大于300mm时，应沿梁截面高度方向设置腰筋，其间距不应大于200mm，直径不应小于10mm。
4. 圈梁宜连续地设在同一水平面上，并形成封闭状；当圈梁被门窗洞口截断时，应在洞口上部增设相同截面的附加圈梁。附加圈梁与圈梁的搭接长度不应小于其中到中垂直间距的2倍，且不得小于1m。

							图集号	2020沪J107 2020沪G104

圈梁详图（一）

审核	王新	王新	校对	姜晓红	姜晓红	设计	张学敏	张学敏	页	38

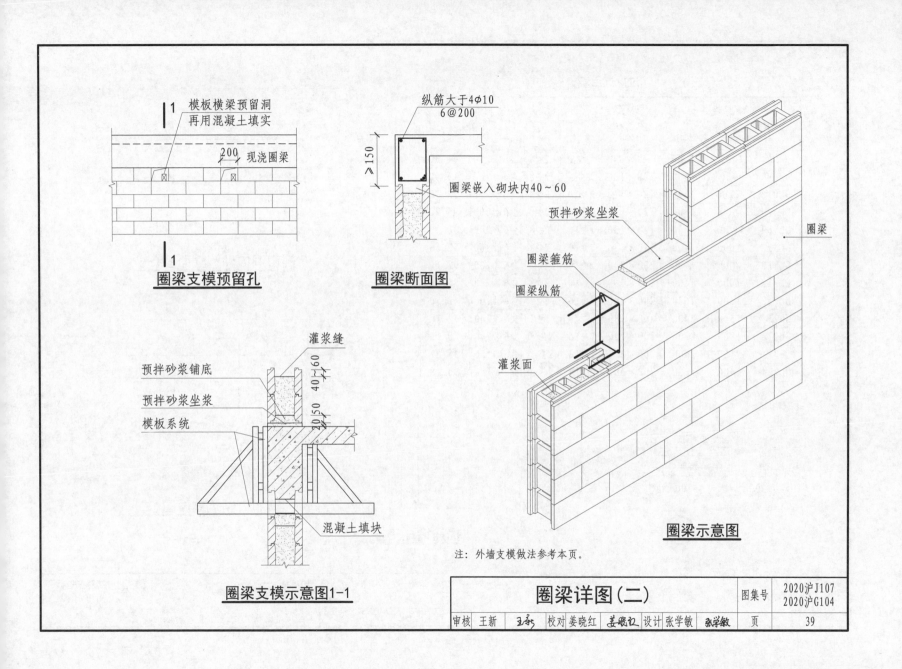

模板横梁预留洞
再用混凝土填实

200 现浇圈梁

圈梁支模预留孔

纵筋大于4φ10
6@200

≥150

圈梁嵌入砌块内40~60

圈梁断面图

预拌砂浆坐浆

圈梁

圈梁箍筋

圈梁纵筋

灌浆面

灌浆缝

预拌砂浆铺底

40~60

预拌砂浆坐浆

20 50

模板系统

混凝土填块

圈梁支模示意图1-1

圈梁示意图

注：外墙支模做法参考本页。

圈梁详图(二)	图集号	2020沪J107 2020沪G104
审核 王新 王新 校对 姜晓红 姜晓红 设计 张学敏 张学敏	页	39

过梁选用表

型号	净跨度 L_0 (mm)	长度 L (mm)	截面 $B \times H$ (mm)	①	②	③	设计荷载 (kN/m)
GL06	600	1000	120×130	2Φ8	2Φ8	Φ6@200	40.30
GL09	900	1400	120×130	2Φ8	2Φ8	Φ6@200	19.60
GL012	1200	1600	120×130	2Φ10	2Φ8	Φ6@200	12.70
GL106	600	1000	120×130	2Φ10	2Φ8	Φ6@200	95.20
GL109	900	1300	120×130	2Φ10	2Φ8	Φ6@200	36.20
GL110	1000	1400	120×130	2Φ12	2Φ8	Φ6@200	32.50
GL210	900	1400	200×280	2Φ10	2Φ8	Φ6@200	92.10
GL212	1000	1400	200×280	2Φ10	2Φ8	Φ6@200	75.30
GL212	1200	1600	200×280	2Φ10	2Φ8	Φ6@200	52.30
GL215	1500	2000	200×280	2Φ10	2Φ8	Φ6@200	32.10
GL218	1800	2200	200×280	2Φ16	2Φ10	Φ6@200	50.13
GL221	2100	2600	200×280	2Φ18	2Φ10	Φ6@150	45.07
GL224	2400	2800	200×280	2Φ18	2Φ10	Φ6@150	34.18

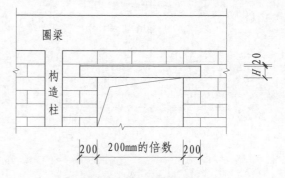

门窗洞口砌筑立面图(一)

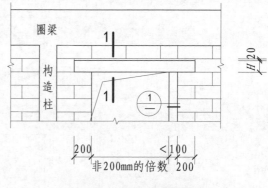

门窗洞口砌筑立面图(二)

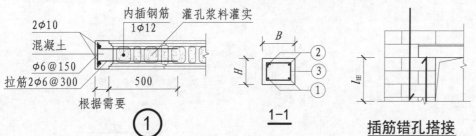

内插钢筋 1φ12
灌孔浆料灌实
2φ10
混凝土
φ6@150
拉筋2φ6@300
500
根据需要
①

1—1
B
H
②③①

插筋错孔搭接
l_{IE}

注：1.混凝土强度等级不小于C20。
2.门窗洞口宽为非200mm的倍数时，可在洞口边根据需要浇注混凝土边框。
3.过梁在柱处宜现浇。当为预制时，洞口边插筋孔搭接。

过梁详图

图集号 2020沪J107 2020沪G104

审核 王新　校对 姜晓红　设计 张学敏　页 40

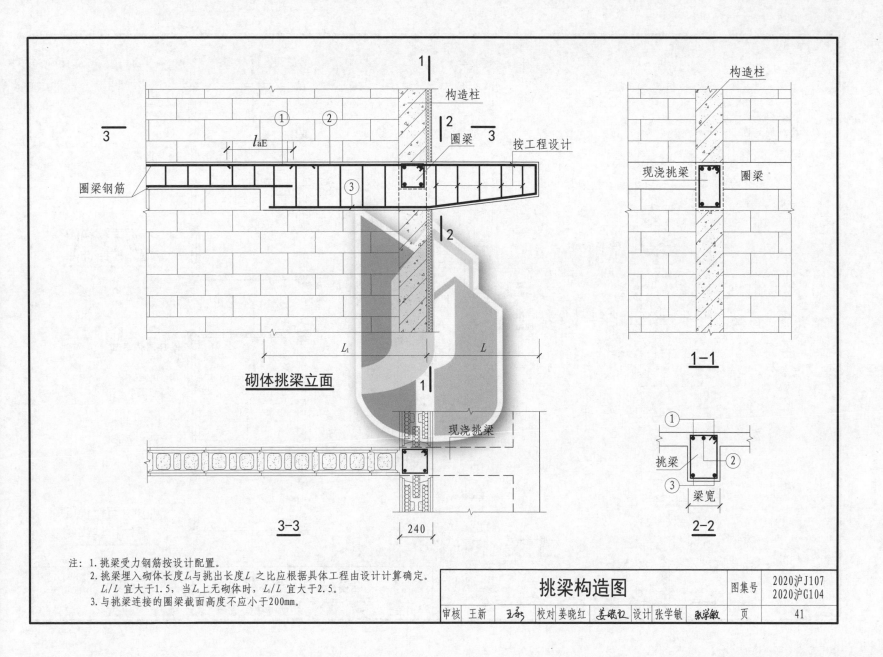

构造柱

圈梁

按工程设计

l_{aE}

圈梁钢筋

砌体挑梁立面

L_1

L

3-3

240

构造柱

现浇挑梁

圈梁

1-1

现浇挑梁

挑梁

梁宽

2-2

注: 1. 挑梁受力钢筋按设计配置。
 2. 挑梁埋入砌体长度L_1与挑出长度L之比应根据具体工程由设计计算确定。
 L_1/L 宜大于1.5,当L_1上无砌体时,L_1/L 宜大于2.5。
 3. 与挑梁连接的圈梁截面高度不应小于200mm。

挑梁构造图

图集号	2020沪J107 2020沪G104

审核	王新	王新	校对	姜晓红	姜晓红	设计	张学敏	张学敏	页	41

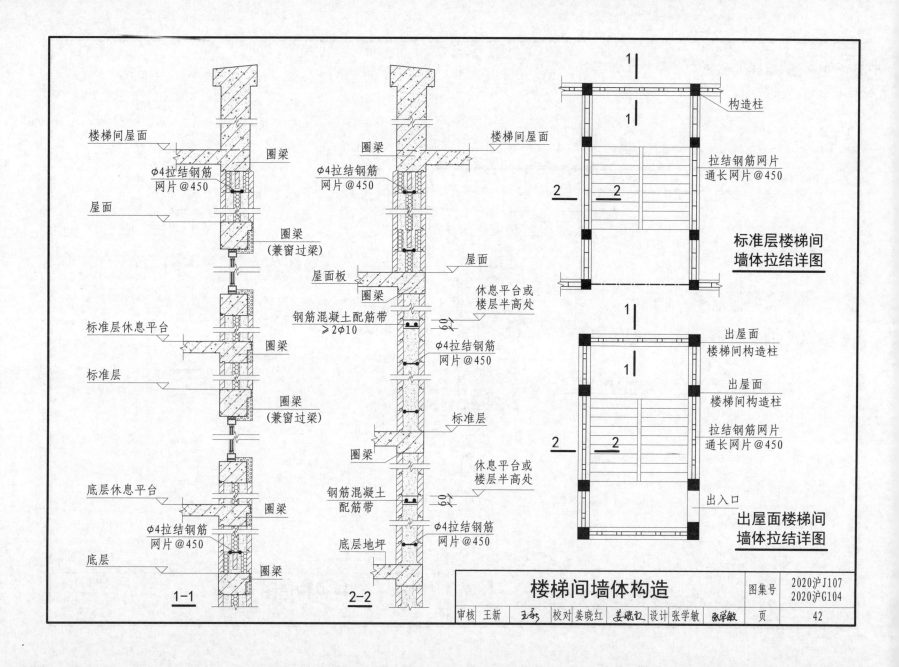

楼梯间墙体构造

楼梯间屋面

圈梁

φ4拉结钢筋
网片@450

屋面

圈梁
(兼窗过梁)

标准层休息平台

圈梁

标准层

圈梁
(兼窗过梁)

底层休息平台

φ4拉结钢筋
网片@450

底层

圈梁

1-1

楼梯间屋面

圈梁

φ4拉结钢筋
网片@450

屋面

屋面板

圈梁

休息平台或
楼层半高处

钢筋混凝土配筋带
≥2φ10

φ4拉结钢筋
网片@450

标准层

圈梁

休息平台或
楼层半高处

钢筋混凝土
配筋带

φ4拉结钢筋
网片@450

底层地坪

2-2

构造柱

拉结钢筋网片
通长网片@450

**标准层楼梯间
墙体拉结详图**

出屋面
楼梯间构造柱

出屋面
楼梯间构造柱

拉结钢筋网片
通长网片@450

出入口

**出屋面楼梯间
墙体拉结详图**

图集号	2020沪J107 2020沪G104
审核 王新 王新 校对 姜晓红 姜晓红 设计 张学敏 张学敏	页 42

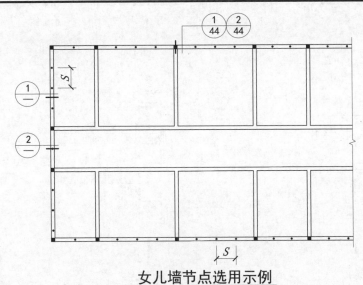

1 2
44 44

女儿墙节点选用示例

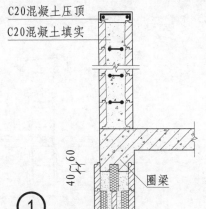

C20混凝土压顶
C20混凝土填实

圈梁

①

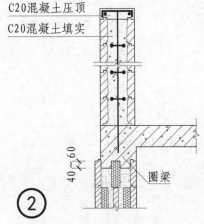

C20混凝土压顶
C20混凝土填实

圈梁

②

女儿墙芯柱最大间距S(m)

高度H(mm)＼设防烈度	7度	8度
H≤500	1.6	1.2
500＜H≤800	1.2	1
800＜H≤1000	0.8	0.6

注：女儿墙在人流出入口和通道处芯柱间距不大于0.4m。

女儿墙构造柱最大间距S(m)

高度H(mm)＼设防烈度	7度	8度
H≤500	4	4
500＜H≤800	3	3
800＜H≤1000	2	2

注：女儿墙在人流出入口和通道处的构造柱间距不大于半开间，且不大于1.5m。

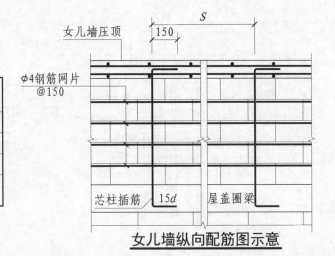

女儿墙压顶
φ4钢筋网片@150
芯柱插筋   15d   屋盖圈梁

女儿墙纵向配筋图示意

注：1. 女儿墙芯柱采用Cb20灌孔混凝土灌实，压顶采用C20混凝土浇筑。
    2. 应沿女儿墙高每皮设置通长φ4点焊拉结钢筋网片。
    3. 当女儿墙高度大于1.0m时，应根据设计另外采取加强措施。
    4. 女儿墙压顶应按要求设置伸缩缝，伸缩缝间距不宜大于12m。

女儿墙节点构造（一）

图集号 2020沪J107 2020沪G104

审核 王新 王新　校对 姜晓红 姜晓红　设计 张学敏 张学敏　页 43

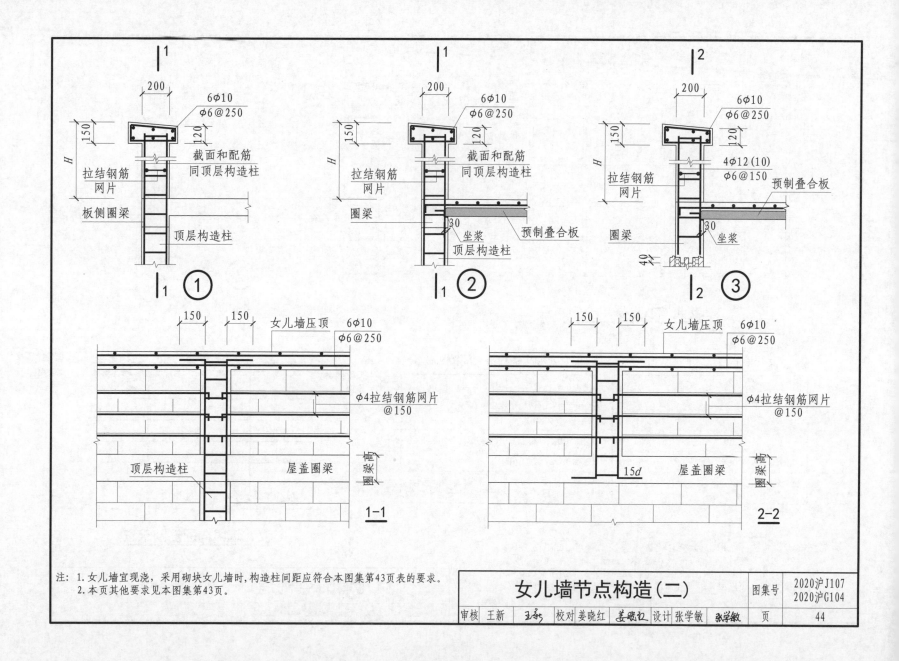

注：1. 女儿墙宜现浇，采用砌块女儿墙时,构造柱间距应符合本图集第43页表的要求。
2. 本页其他要求见本图集第43页。

女儿墙节点构造（二）

图集号 2020沪J107
2020沪G104

审核 王新 王新 校对 姜晓红 姜晓红 设计 张学敏 张学敏 页 44

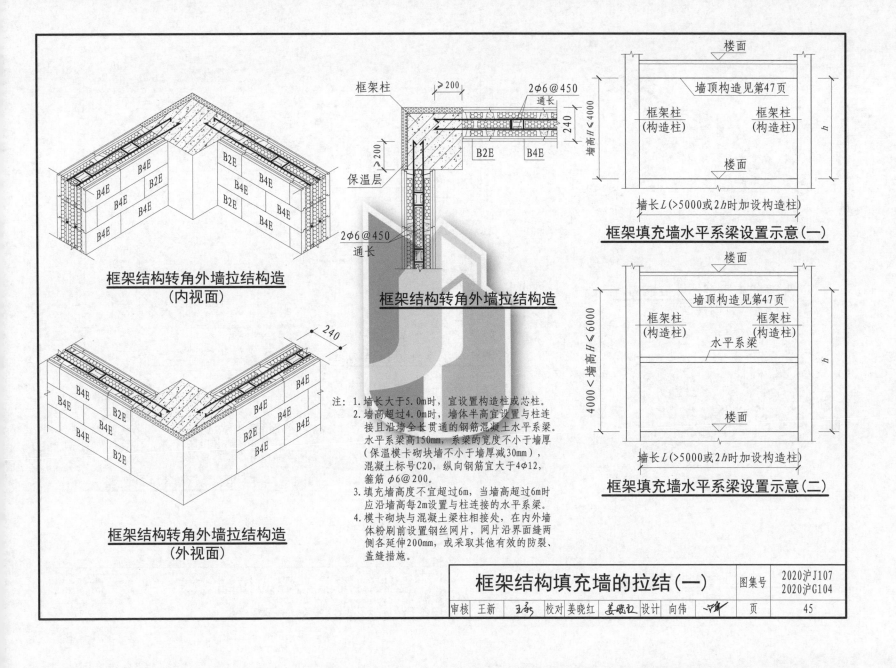

框架结构转角外墙拉结构造
（内视面）

B2E
B4E
B2E
B4E
B4E
B4E
B4E
B2E
B4E
B2E
B4E
B4E
B4E
B4E
B2E

框架结构转角外墙拉结构造
（外视面）

240

B4E
B4E
B2E
B4E
B4E
B2E
B2E
B4E
B4E
B2E
B4E

框架柱
≥200
2φ6@450
通长
墙高H≤4000
240
保温层
B2E
B4E
≥200
2φ6@450
通长

框架结构转角外墙拉结构造

楼面
墙顶构造见第47页
框架柱
（构造柱）
框架柱
（构造柱）
h
楼面
墙长L（>5000或2h时加设构造柱）

框架填充墙水平系梁设置示意（一）

楼面
墙顶构造见第47页
框架柱
（构造柱）
框架柱
（构造柱）
4000<墙高H≤6000
水平系梁
h
楼面
墙长L（>5000或2h时加设构造柱）

框架填充墙水平系梁设置示意（二）

注：1.墙长大于5.0m时，宜设置构造柱或芯柱。
　　2.墙高超过4.0m时，墙体半高宜设置与柱连接且沿墙全长贯通的钢筋混凝土水平系梁。水平系梁高150mm，系梁的宽度不小于墙厚（保温模卡砌块墙不小于墙厚减30mm），混凝土标号C20，纵向钢筋宜大于4φ12，箍筋φ6@200。
　　3.填充墙高度不宜超过6m，当墙高超过6m时应沿墙高每2m设置与柱连接的水平系梁。
　　4.模卡砌块与混凝土梁柱相接处，在内外墙体粉刷前设置钢丝网片，网片沿界面缝两侧各延伸200mm，或采取其他有效的防裂、盖缝措施。

框架结构填充墙的拉结（一）	图集号	2020沪J107 2020沪G104
审核 王新　王新　校对 姜晓红　姜晓红　设计 向伟	页	45

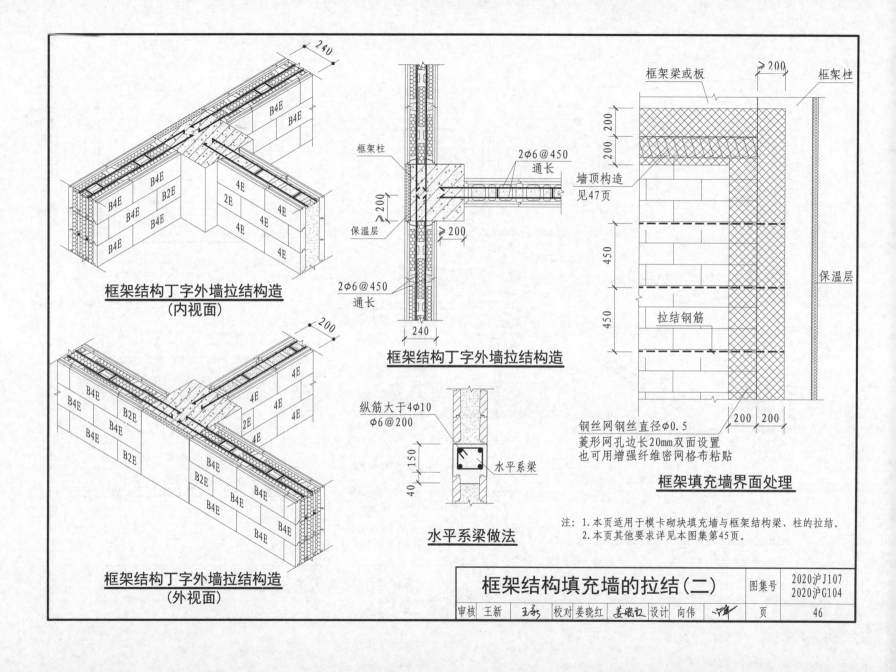

框架结构丁字外墙拉结构造
（内视面）

框架结构丁字外墙拉结构造

框架柱

保温层

2φ6@450
通长

框架结构丁字外墙拉结构造
（外视面）

2φ6@450
通长

纵筋大于4φ10
φ6@200

水平系梁

水平系梁做法

框架梁或板

框架柱

墙顶构造
见47页

拉结钢筋

保温层

钢丝网钢丝直径φ0.5
菱形网孔边长20mm双面设置
也可用增强纤维密网格布粘贴

框架填充墙界面处理

注：1. 本页适用于模卡砌块填充墙与框架结构梁、柱的拉结。
    2. 本页其他要求详见本图集第45页。

框架结构填充墙的拉结（二）	图集号	2020沪J107
		2020沪G104
审核 王新 王新 校对 姜晓红 姜晓红 设计 向伟	页	46

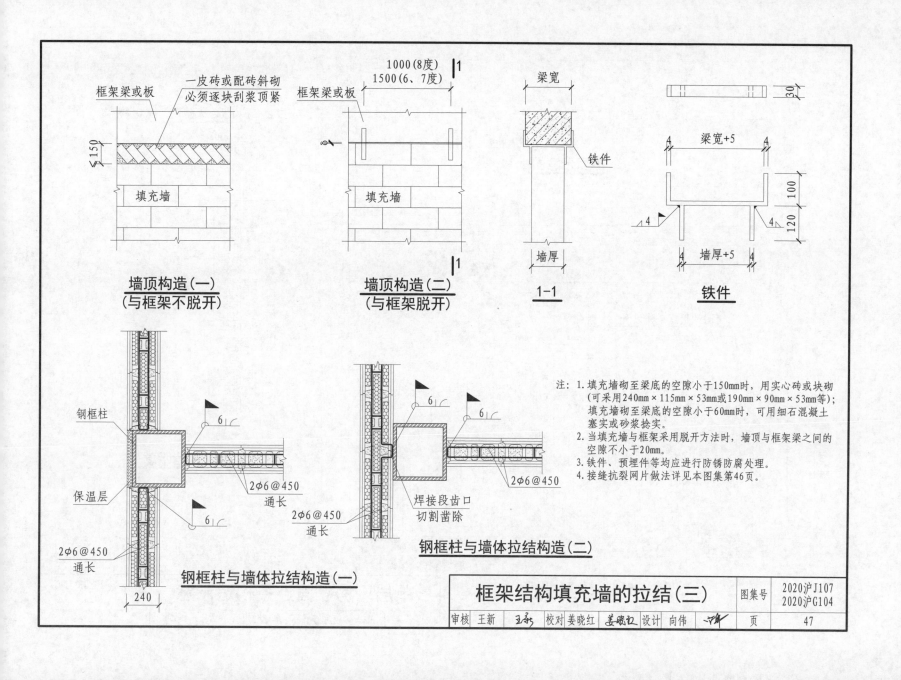

一皮砖或配砖斜砌
必须逐块刮浆顶紧

框架梁或板

填充墙

≤150

墙顶构造（一）
（与框架不脱开）

1000（8度）
1500（6、7度）

框架梁或板

填充墙

1

1

墙顶构造（二）
（与框架脱开）

梁宽

铁件

墙厚

1-1

梁宽+5

100

120

墙厚+5

铁件

钢框柱

保温层

2φ6@450
通长

2φ6@450
通长

6

6

钢框柱与墙体拉结构造（一）

240

2φ6@450
通长

焊接段齿口
切割凿除

6

6

2φ6@450
通长

钢框柱与墙体拉结构造（二）

注：1. 填充墙砌至梁底的空隙小于150mm时，用实心砖或块砌
（可采用240mm×115mm×53mm或190mm×90mm×53mm等）；
填充墙砌至梁底的空隙小于60mm时，可用细石混凝土
塞实或砂浆捻实。
2. 当填充墙与框架采用脱开方法时，墙顶与框架梁之间的
空隙不小于20mm。
3. 铁件、预埋件等均应进行防锈防腐处理。
4. 接缝抗裂网片做法详见本图集第46页。

框架结构填充墙的拉结（三）

图集号	2020沪J107 2020沪G104
审核 王新 王新 校对 姜晓红 姜晓红 设计 向伟	页 47

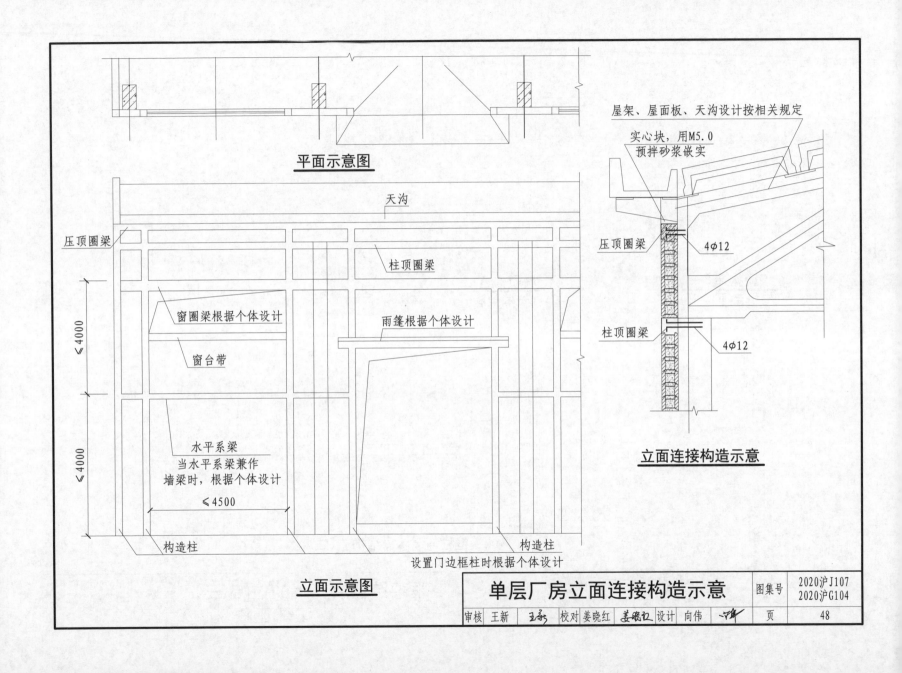

平面示意图

屋架、屋面板、天沟设计按相关规定

实心块，用M5.0
预拌砂浆嵌实

天沟

压顶圈梁

柱顶圈梁

压顶圈梁   4φ12

窗圈梁根据个体设计

雨篷根据个体设计

窗台带

柱顶圈梁

4φ12

≤4000

≤4000

立面连接构造示意

水平系梁
当水平系梁兼作
墙梁时，根据个体设计

≤4500

构造柱   构造柱

设置门边框柱时根据个体设计

立面示意图

单层厂房立面连接构造示意	图集号	2020沪J107 2020沪G104

审核 王新 王新 校对 姜晓红 姜晓红 设计 向伟   页 48

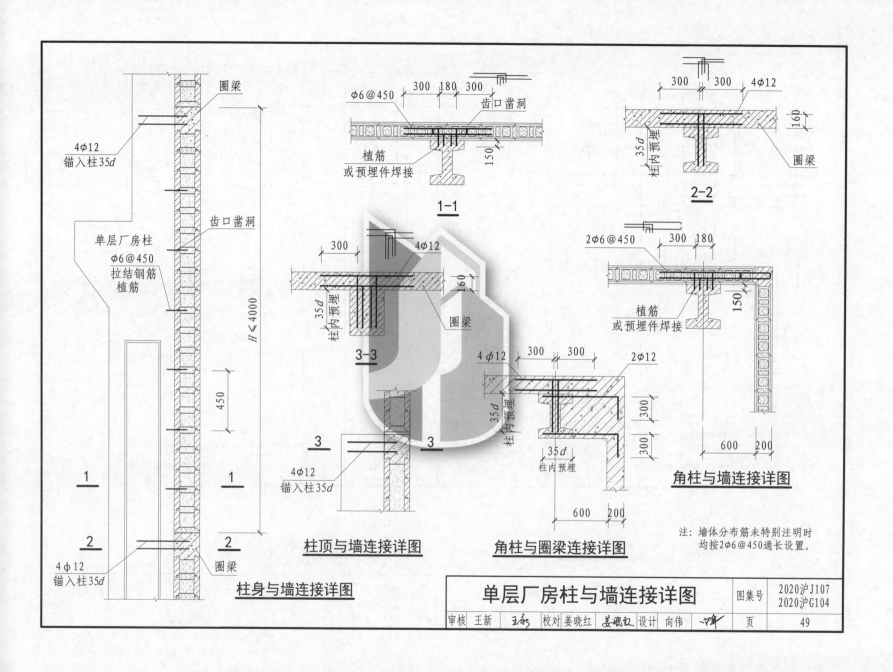

圈梁

4φ12
锚入柱35d

齿口凿洞

单层厂房柱

φ6@450
拉结钢筋
植筋

$H \leq 4000$

450

1

1

2

2

4φ12
锚入柱35d

圈梁

柱身与墙连接详图

φ6@450　　300　180　300

植筋
或预埋件焊接

齿口凿洞

150

1-1

300　180

柱内预埋　35d

4φ12

160

圈梁

3-3

300

300

4φ12
锚入柱35d

3

3

柱顶与墙连接详图

300　300　4φ12

柱内预埋　35d

160

圈梁

2-2

2φ6@450　　300　180

植筋
或预埋件焊接

150

角柱与墙连接详图

4φ12　　300　300

柱内预埋　35d

2φ12

300

300

600　200

柱内预埋　35d

600　200

角柱与圈梁连接详图

注：墙体分布筋未特别注明时
均按2φ6@450通长设置。

单层厂房柱与墙连接详图

| 图集号 | 2020沪J107 |
| | 2020沪G104 |

| 审核 | 王新 | 王新 | 校对 | 姜晓红 | 姜晓红 | 设计 | 向伟 | | 页 | 49 |

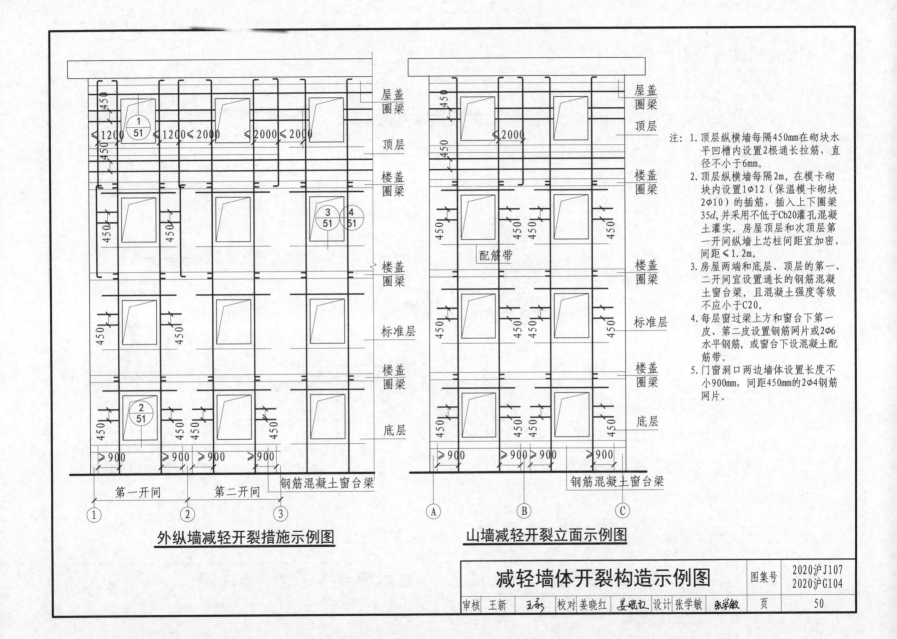

外纵墙减轻开裂措施示例图

山墙减轻开裂立面示例图

注：1. 顶层纵横墙每隔450mm在砌块水平凹槽顶内设置2根通长拉筋，直径不小于6mm。
2. 顶层纵横墙每隔2m，在模卡砌块内设置1φ12（保温模卡砌块2φ10）的插筋，插入上下圈梁35d，并采用不低于Cb20灌孔混凝土灌实。房屋顶层和次顶层第一开间纵墙上芯柱间距宜加密，间距≤1.2m。
3. 房屋两端和底层、顶层的第一、二开间宜设置通长的钢筋混凝土窗台梁，且混凝土强度等级不应小于C20。
4. 每层窗过梁上方和窗台下第一皮、第二皮设置钢筋网片或2φ6水平钢筋，或窗台下设混凝土配筋带。
5. 门窗洞口两边墙体设置长度不小900mm，间距450mm的2φ4钢筋网片。

减轻墙体开裂构造示例图	图集号	2020沪J107 2020沪G104
审核 王新 王新 校对 姜晓红 姜晓红 设计 张学敏 张学敏	页	50

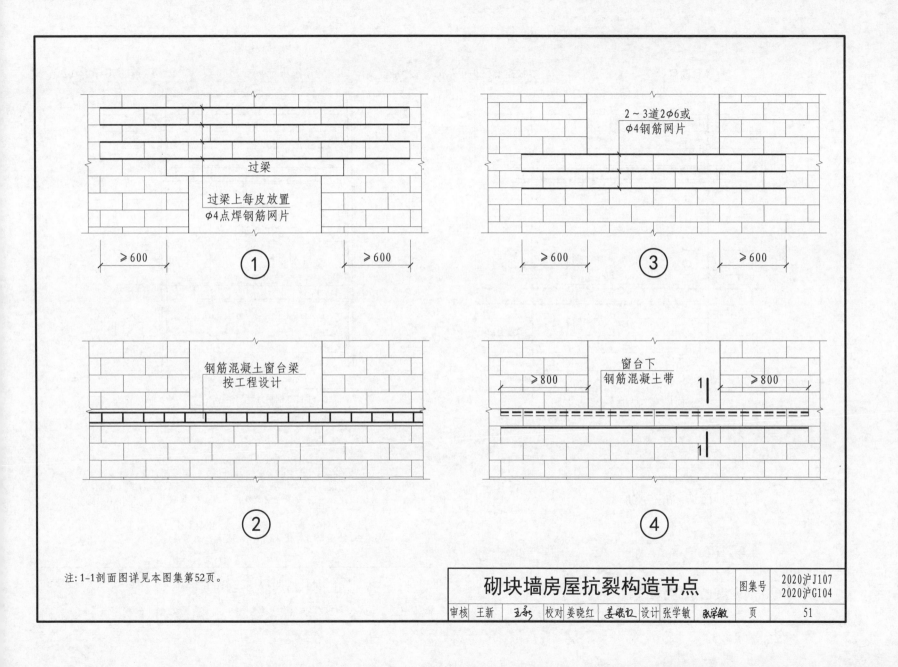

① 过梁

过梁上每皮放置
φ4点焊钢筋网片

≥600　≥600

② 钢筋混凝土窗台梁
按工程设计

③ 2~3道2φ6或
φ4钢筋网片

≥600　≥600

④ 窗台下
钢筋混凝土带

≥800　≥800

注:1-1剖面图详见本图集第52页。

砌块墙房屋抗裂构造节点

图集号　2020沪J107
2020沪G104

审核　王新　校对　姜晓红　设计　张学敏　页　51

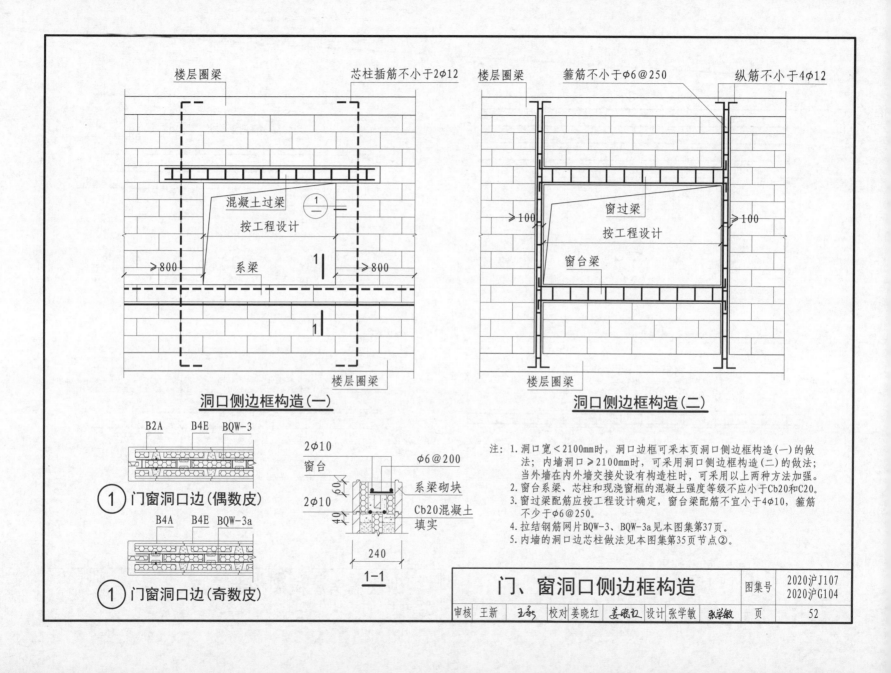

楼层圈梁　　　　　　芯柱插筋不小于2φ12　　楼层圈梁　　箍筋不小于φ6@250　　　　纵筋不小于4φ12

混凝土过梁
按工程设计

①

系梁

≥800　　　　　　≥800

≥100　　　　　窗过梁
按工程设计

窗台梁

≥100

楼层圈梁

洞口侧边框构造(一)

洞口侧边框构造(二)

注：1. 洞口宽＜2100mm时，洞口边框可采用本页洞口侧边框构造(一)的做法；内墙洞口≥2100mm时，可采用洞口侧边框构造(二)的做法；当外墙在内外墙交接处设有构造柱时，可采用以上两种方法加强。
2. 窗台系梁、芯柱和现浇窗框的混凝土强度等级不应小于Cb20和C20。
3. 窗过梁配筋应按工程设计确定，窗台梁配筋不宜小于4φ10，箍筋不少于φ6@250。
4. 拉结钢筋网片BQW-3、BQW-3a见本图集第37页。
5. 内墙的洞口边芯柱做法见本图集第35页节点②。

B2A　B4E　BQW-3

① 门窗洞口边(偶数皮)

B4A　B4E　BQW-3a

① 门窗洞口边(奇数皮)

2φ10
窗台
φ6@200
60
2φ10
40
240

系梁砌块
Cb20混凝土填实

1—1

门、窗洞口侧边框构造

图集号　2020沪J107　2020沪G104

审核　王新　王新　校对　姜晓红　姜晓红　设计　张学敏　张学敏　页　52

3 配筋模卡砌块

3.1 配筋模卡砌块砌体建筑设计
建筑设计说明

3.1.1 编制依据

1 本图集根据上海市住房和城乡建设管理委员会《关于印发〈2019年上海市工程建设规范、建筑标准设计编制计划〉的通知》（沪建标定〔2018〕753号）要求进行编制。

2 主要设计依据

《墙体材料应用统一技术规范》　　　　GB 50574

《建筑设计防火规范》　　　　　　　　GB 50016

《建筑节能工程施工质量验收规范》　　GB 50411

《公共建筑节能设计标准》　　　　　　GB 50189

《民用建筑热工设计规范》　　　　　　GB 50176

《民用建筑隔声设计规范》　　　　　　GB 50118

《夏热冬冷地区居住建筑节能设计标准》JGJ 134

《建筑外墙防水工程技术规程》　　　　JGJ/T 235

《居住建筑节能设计标准》　　　　　　DGJ 08-205

《公共建筑节能设计标准》　　　　　　DGJ 08-107

《混凝土模卡砌块应用技术标准》　　　DG/TJ 08-2087

3.1.2 适用范围

1 本部分适用的配筋混凝土模卡砌块（简称"配筋模卡砌块"）是指配筋普通混凝土模卡砌块（简称"配筋普通模卡砌块"）和配筋保温混凝土模卡砌块（简称"配筋保温模卡砌块"）。以下条文的规定均针对本部分内容。

2 本部分适用于主规格为400mm×200mm×150mm（长×宽×高）的配筋普通模卡砌块和主规格为400mm×280mm×150mm的配筋保温模卡砌块。

3 具体工程应用过程中的墙体厚度与本图集不一致时，可

根据工程实际情况参考使用本图集。

3.1.3 材料要求

1 砌块性能应满足《混凝土模卡砌块技术要求》DB31/T 962的规定。

2 本部分砌块的具体规格、详细尺寸等详见本图集第113~120页。

3 保温材料

1）墙体保温材料的产品质量、保温性能、阻燃标准等应符合国家规范、标准的有关规定，并具备产品出厂合格证明和法定检测部门出具的检测合格报告。

2）配筋保温模卡砌块内插保温材料选用聚苯乙烯（EPS）板，燃烧性能等级B_f级。

3）保温材料的热工性能参数应按国家有关规范、标准选用，若有可靠试验数据、且经论证的热工性能参数也可选用。

3.1.4 建筑模数协调

1 配筋模卡砌块设计时，其建筑平面宜以100mm为模数。

2 配筋普通模卡砌块墙体的轴线定位尺寸采用200mm墙厚居中定位。配筋保温模卡砌块外墙须考虑建筑外墙梁、柱等热桥部位外保温面层厚度，砌筑时砌块可出梁、柱面50mm，以保证完成面平整。

3 配筋模卡砌块砌筑"T""L"等转角处及窗边砌块的排块可参见本图集第122页配筋模卡砌块排块图。

4 配筋模卡砌块墙竖向排块宜为150mm的模数，当墙体高度不满足150mm的模数时，可通过调整配筋圈梁高度等方式予以调节。

建筑设计说明(一)		图集号	2020沪J107 2020沪G104
审核 姜晓红 *姜晓红* 校对 刘明 *刘明* 设计 朱元甜 *朱元甜*		页	54

3.1.5 墙体防裂与防水

1 配筋保温模卡砌块与其他外墙保温材料连接处应做好防护措施，可采用在此连接处粘贴网格布等方法，网格布的搭接、翻边以及相应的增强做法应符合《外墙外保温工程技术规程》JGJ 144的有关规定。

2 配筋保温模卡砌块外墙应按《建筑外墙防水工程技术规程》JGJ/T 235设置防水措施，房屋屋面的保温、隔热及檐部墙身的防水、防潮应按规范要求加强。

3.1.6 墙体防火

1 配筋模卡砌块墙体应满足《建筑设计防火规范》GB 50016对不同部位的耐火极限和燃烧性能要求。配筋模卡砌块砌体墙耐火极限为4h，为不燃性墙体。

2 墙体变形缝内的填充材料和变形缝的构造基层应采用不燃材料。电线、电缆等不宜穿越变形缝。

3 电气线路不应穿越或敷设在燃烧性能为B₁级的保温材料中；设置开关、插座等电器配件的部位，其周围应采取不燃隔热材料分隔等措施。

3.1.7 墙体隔声

1 配筋模卡砌块砌体墙空气声计权隔声量≥50dB，满足《民用建筑隔声设计规范》GB 50118中对一般民用建筑空气声计权隔声量的要求。对于隔声要求较高的其他建筑，可通过选用装饰材料提高其隔声性能。

2 工程设计中应避免在墙体两侧同一位置设管线、接线盒。

3.1.8 节能设计

1 本图集外墙构造做法采用配筋保温模卡砌块示例，当实际工程中采用示例的配筋保温模卡砌块不能满足建筑节能设计要求时，可根据实际情况附加辅助保温，配筋保温模卡砌块墙体的热工性能指标详见本图集第125页。

2 外墙热桥部位应进行保温处理，外露混凝土构件可采用附加外保温措施，外墙热桥部位主要使用的保温材料见本图集第10页表2.1.8。

3.1.9 其他

1 本图集尺寸，除注明者外均以毫米（mm）计，标高以米（m）计，未注尺寸的均按工程设计。

2 图集中未尽事项均应遵循国家现行标准、规范规定。

3.1.10 索引方法

建筑设计说明(二)	图集号	2020沪J107 2020沪G104
审核 姜晓红 姜晓红 校对 刘明 刘明 设计 朱元甜 毕文超	页	55

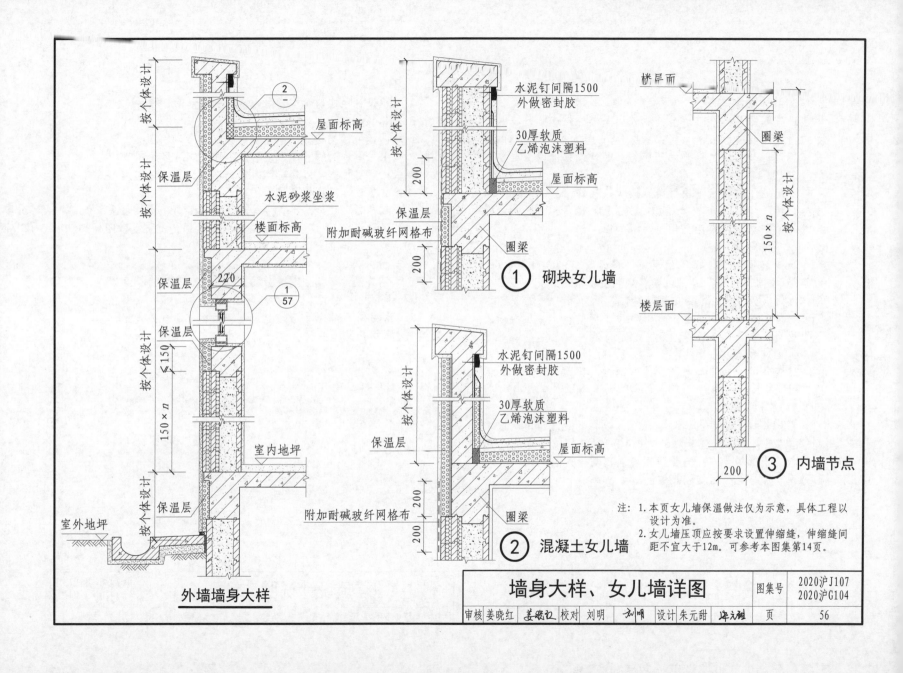

外墙墙身大样

砌块女儿墙 ①

混凝土女儿墙 ②

内墙节点 ③

水泥钉间隔1500
外做密封胶

30厚软质
乙烯泡沫塑料

屋面标高

保温层

附加耐碱玻纤网格布

圈梁

水泥砂浆坐浆

楼面标高

屋面标高

室内地坪

室外地坪

楼层面

圈梁

注：1. 本页女儿墙保温做法仅为示意，具体工程以
设计为准。
2. 女儿墙压顶应按要求设置伸缩缝，伸缩缝间
距不宜大于12m。可参考本图集第14页。

墙身大样、女儿墙详图

图集号	2020沪J107
	2020沪G104

| 审核 | 姜晓红 | 姜晓红 | 校对 | 刘明 | 刘明 | 设计 | 朱元甜 | 朱元甜 | 页 | 56 |

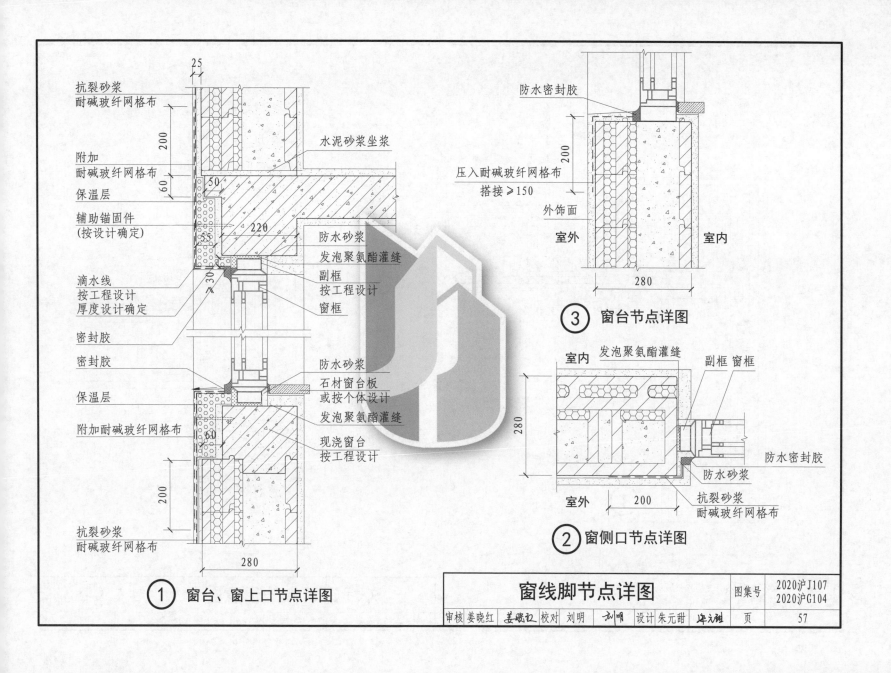

抗裂砂浆
耐碱玻纤网格布

25

200

附加
耐碱玻纤网格布

60

保温层

50

辅助锚固件
(按设计确定)

35

220

滴水线
按工程设计
厚度设计确定

≥30

密封胶

密封胶

保温层

附加耐碱玻纤网格布

60

200

抗裂砂浆
耐碱玻纤网格布

280

水泥砂浆坐浆

防水砂浆

发泡聚氨酯灌缝

副框
按工程设计

窗框

防水砂浆

石材窗台板
或按个体设计

发泡聚氨酯灌缝

现浇窗台
按工程设计

防水密封胶

200

压入耐碱玻纤网格布
搭接≥150

外饰面

室外   室内

280

③ 窗台节点详图

室内   发泡聚氨酯灌缝   副框 窗框

280

室外   200

防水密封胶

防水砂浆

抗裂砂浆
耐碱玻纤网格布

② 窗侧口节点详图

① 窗台、窗上口节点详图

窗线脚节点详图

图集号 | 2020沪J107
2020沪G104

审核 姜晓红 姜晓红 校对 刘明 刘明 设计 朱元甜 毕元甜 页 57

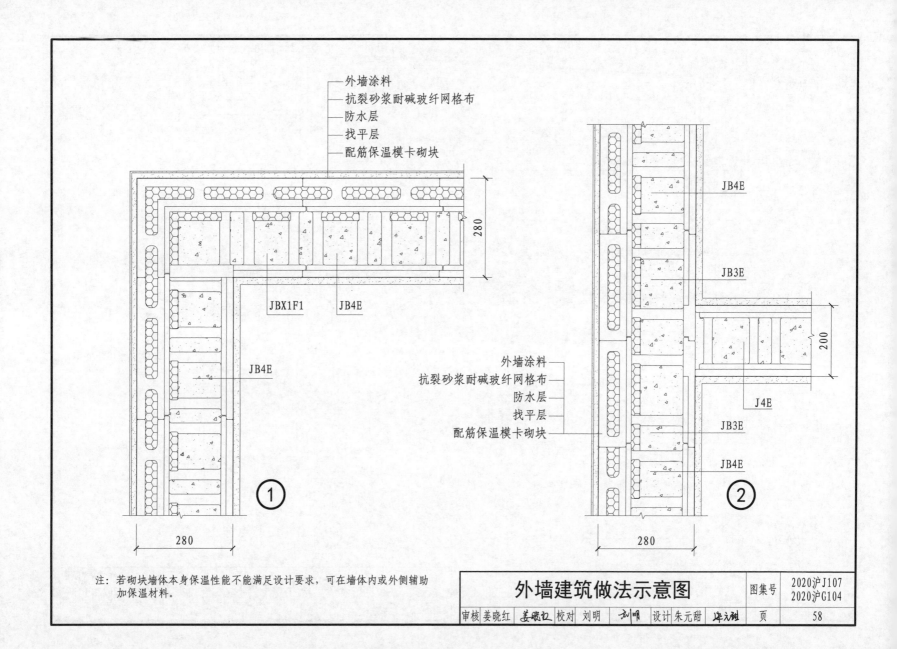

外墙涂料
抗裂砂浆耐碱玻纤网格布
防水层
找平层
配筋保温模卡砌块

280

JBX1F1   JB4E

JB4E

280

JB4E

JB3E

200

外墙涂料
抗裂砂浆耐碱玻纤网格布
防水层
找平层
配筋保温模卡砌块

J4E

JB3E

JB4E

280

①   ②

注：若砌块墙体本身保温性能不能满足设计要求，可在墙体内或外侧辅助
　　加保温材料。

外墙建筑做法示意图

图集号	2020沪J107 2020沪G104

| 审核 姜晓红 | 姜晓红 | 校对 刘明 | 刘明 | 设计 朱元甜 | 朱元甜 | 页 | 58 |

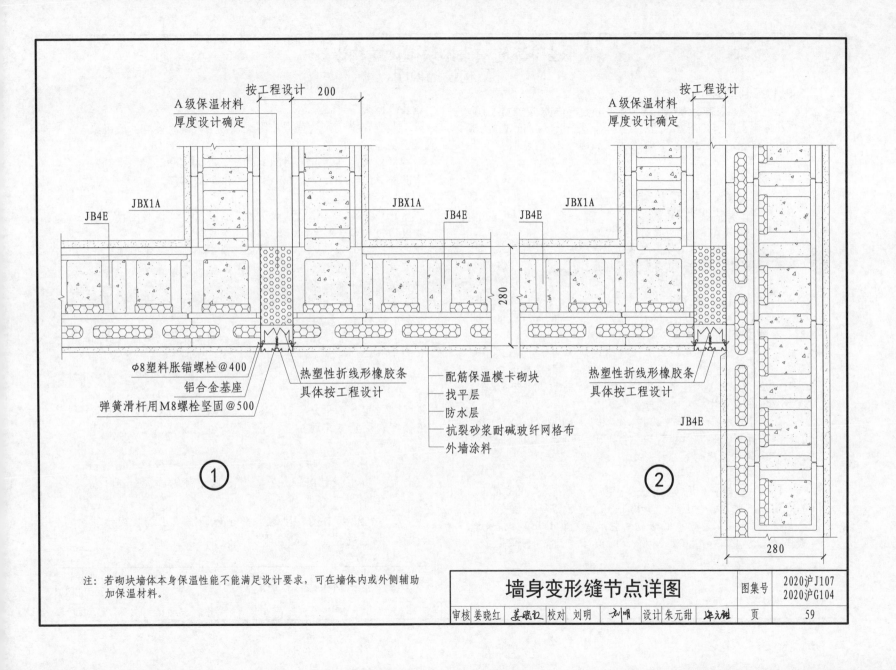

按工程设计 200

A级保温材料
厚度设计确定

按工程设计

A级保温材料
厚度设计确定

JBX1A

JB4E

JBX1A

JB4E

JB4E

JBX1A

280

280

φ8塑料胀锚螺栓@400
铝合金基座
弹簧滑杆用M8螺栓坚固@500

热塑性折线形橡胶条
具体按工程设计

配筋保温模卡砌块
找平层
防水层
抗裂砂浆耐碱玻纤网格布
外墙涂料

热塑性折线形橡胶条
具体按工程设计

JB4E

① ②

注: 若砌块墙体本身保温性能不能满足设计要求, 可在墙体内或外侧辅助
加保温材料。

墙身变形缝节点详图

		图集号	2020沪J107
			2020沪G104

| 审核 | 姜晓红 | 姜晓红 | 校对 | 刘明 | 刘明 | 设计 | 朱元甜 | 朱元甜 | 页 | 59 |

3.2 配筋模卡砌块砌体结构设计
结构设计说明

3.2.1 编制依据

1 本图集根据上海市住房和城乡建设管理委员会《关于印发〈2019年上海市工程建设规范、建筑标准设计编制计划〉的通知》(沪建标定〔2018〕753号)要求进行编制。

2 主要设计依据

《砌体结构设计规范》	GB 50003
《建筑抗震设计规范》	GB 50011
《混凝土结构设计规范》	GB 50010
《砌体结构工程施工质量验收规范》	GB 50203
《混凝土砌块(砖)砌体用灌孔混凝土》	JGJ 861
《混凝土小型空心砌块建筑技术规程》	JGJ/T 14
《混凝土模卡砌块技术要求》	DB31/T 962
《建筑抗震设计规程》	DGJ 08-9
《混凝土模卡砌块应用技术标准》	DG/TJ 08-2087

3.2.2 适用范围

1 本部分适用的配筋混凝土模卡砌块(简称"配筋模卡砌块")是指配筋普通混凝土模卡砌块(简称"配筋普通模卡砌块")和配筋保温混凝土模卡砌块(简称"配筋保温模卡砌块")。以下条文的规定均针对本部分内容。

2 本部分适用于主规格为400mm×200mm×150mm(长×宽×高)的配筋普通模卡砌块和主规格为400mm×280mm×150mm的配筋保温模卡砌块。砌块尺寸详见本图集第113~120页。

3.2.3 材料要求

1 砌块性能应满足《混凝土模卡砌块技术要求》DB31/T 962的规定。其强度等级应不低于MU10.0,灌孔混凝土强度等级不应低于Cb20,且应不低于砌块强度等级的1.5倍。灌孔混凝土的坍落度宜控制在230mm~250mm。灌孔混凝土骨料最大粒径不应大于16mm。

2 配筋模卡砌块剪力墙圈梁、过梁、连梁等构件的混凝土强度等级不应低于C20。

3 钢筋的选用可采用HRB400、HRB500、HPB300,也可采用HRBF400、HRBF500、HRB400、HRB335的钢筋。

3.2.4 结构构造要求

1 模卡砌块砌体结构耐久性设计应满足《混凝土模卡砌块应用技术标准》DG/TJ08-2087的要求。

2 配筋混凝土砌块砌体抗震墙房屋不应采用不规则建筑结构方案,平面形状宜简单、规则,竖向布置宜规则、均匀,避免过大的外挑和内收。

3 配筋模卡砌块抗震墙房屋的抗震等级、层高、轴压比限值应符合表3.2.4-1的要求。

4 配筋模卡砌块砌体抗震墙应全部灌孔,插竖向钢筋的孔洞应对齐,局部水平砌块搭接长度不宜小于90mm。

5 竖向、水平分布筋

1)配筋模卡砌块抗震墙横向、竖向钢筋的配置要求按表3.2.4-1设置。水平分布钢筋放置在砌块水平凹槽内,竖向钢筋插在砌块竖向孔洞并上、下贯通,箍筋设置在砌块上、下卡肩的弧形凹槽内。

2)配筋模卡砌块砌体抗震墙内竖向和水平分布钢筋的搭接长度不应小于48倍钢筋直径,竖向钢筋的锚固长度不应小于42倍钢筋直径。

3)配筋砌体抗震墙的水平分布钢筋,沿墙长应连续设置,两端的锚固应符合下列规定:

表3.2.4-1 抗震等级、层高和轴压比限值及配筋要求

			烈度	7度		8度	
			高度	≤24	>24	≤24	>24
			抗震等级	三	二	二	一
底层加强部位	配筋要求		层高	3.9	3.2	3.2	3.2
			轴压比	0.6	0.6	0.6	0.5
		最小配筋率(%)	水平	0.13	0.13	0.13	0.15
			竖向	0.13	0.13	0.13	0.15
		最大间距(mm)	水平	600	600	600	400
			竖向	600	600	600	400
		最小直径(mm)	水平	φ8	φ8	φ8	φ8
			竖向	φ12	φ12	φ12	φ12
一般部位	配筋要求	最小配筋率(%)	水平	0.11	0.13	0.13	0.13
			竖向	0.11	0.13	0.13	0.15
		最大间距(mm)	水平	600	600	600	400
			竖向	600	600	600	400
		最小直径(mm)	水平	φ8	φ8	φ8	φ8
			竖向	φ12	φ12	φ12	φ12

注：1. 短肢墙的抗震等级应比表中的规定提高一级采用。

2. 短肢墙体全高范围，一级不宜大于0.5，二、三级不宜大于0.5。对于无翼缘的一字形短肢墙，其轴压比限值应相应降低0.1。

3. 各向墙肢截面均为$3b<h<5b$的小墙肢，一级不宜大于0.4，二、三级不宜大于0.5，其全截面竖向钢筋的配筋率在底部加强部位不宜小于1.2%，一般部位不宜小于1.0%。对于无翼缘的一字形独立小墙肢，其轴压比限值应降低0.1。

4. 多层房屋（总高度小于等于18m）的短肢墙及各向墙肢截面均为$3b<h<5b$的小墙肢的全部竖向钢筋的配筋率，底部加强部位不宜小于1%，其他部位不宜小于0.8%。

（1）一、二级的抗震墙，水平分布钢筋可绕主筋弯180°弯钩，弯钩端部直段长度不宜小于12d；水平分布钢筋亦可弯入端部灌孔混凝土中，锚固长度不应小于30d，且不应小于250mm。

（2）三、四级的抗震墙，水平分布钢筋可弯入端部灌孔混凝土中，锚固长度不应小于25d，且不应小于200mm。

6 边缘构件

1）墙肢的端部应设置边缘构件，构造边缘构件范围：无翼墙端部为3孔配筋，"L"形转角节点为3孔配筋，"T"形转角为4孔配筋。

2）底部加强部位的轴压比，当一级大于0.2和二、三级大于0.3时，应设置约束边缘构件，约束边缘构件的范围应沿受力方向比构造边缘构件增加1孔，水平箍筋应相应加强，也可采用钢筋混凝土边框柱。边缘构件的配筋要求见表3.2.4-2。

表3.2.4-2 边缘构件的配筋要求

抗震等级	每孔纵向钢筋最小值		箍筋最小直径(mm)	箍筋最大间距(mm)
	底部加强部位	一般部位		
一	1φ20	1φ18	8	150
二	1φ18	1φ16	6 (8)	150
三	1φ16	1φ14	6	150
四	1φ14	1φ12	6	150

注：二级轴压比大于0.3，底部加强部位箍筋为括号内数据。

7 连梁

1）配筋保温模卡砌块砌体抗震墙连梁的截面宽度为砌块厚度减去外挂保温层的厚度。内墙的配筋普通模卡砌块砌体抗震墙连梁宽度同墙厚。

	结构设计说明（二）	图集号	2020沪J107 2020沪G104
审核 顾陆忠	校对 王新	设计 姜晓红	页 61

2）连梁纵向钢筋伸入圈梁的长度，抗震等级为一、二等级时，不应小于1.15倍锚固长度。抗震等级三级时，不应小于1.05倍锚固长度，且不应小于600mm。

8 圈梁

1）基础及各楼层标高处，抗震墙顶部均应设置现浇钢筋混凝土圈梁。对内墙而言，圈梁的宽度同墙厚；对外墙而言，圈梁的宽度为砌块的厚度减去外挂保温层的厚度，且圈梁的宽度不小于200mm。

2）圈梁的混凝土强度等级不应小于灌孔混凝土强度等级。

3）圈梁底部应嵌入墙顶砌块孔洞，深度为40mm～60mm，圈梁的顶部应毛面。

4）配筋保温模卡砌块墙体每楼层圈梁处，均应设置出挑(详见本图集第57页节点①)或其他承托措施，避免砌块外页受力。

9 配筋保温模卡砌块外墙圈梁部位的附加保温应结合砌块宽度确保完成面的平整。当配筋保温模卡砌块与外墙其他保温材料连接时，连接部位应做好防开裂措施。

3.2.5 施工要点

1 墙体施工应按排块图进行对孔、错缝搭砌排列，卡口相互卡牢，内外面平整。

2 配筋模卡砌块养护龄期不足28d的不得上墙，施工现场砌块应按规格、强度堆放，并有相应的防雨排水措施。

3 配筋模卡砌块的施工方法不采用砂浆砌筑，通过砌块的卡口须相互对准卡牢，每隔5皮～6皮，可采用砂浆找平。砌块之间插入的保温板应上、下完全衔接，不得留有空隙，出现冷热桥。

4 灌孔混凝土应连续浇筑，可按楼层视墙高分2个～3个浇捣层，用专用振捣棒沿砌块的大孔逐孔振捣密实，不得遗漏，

小孔可不振捣。振捣过程中伴有灌孔混凝土沁出砌体缝隙为宜，灌孔后应及时清理墙面。

5 灌孔混凝土浇灌前，应按工程设计图对墙、柱内的钢筋品种、规格、数量、位置、间距、接头要求及预埋件的规格、数量、位置等进行隐蔽工程验收。

6 灌筑混凝土时，前后二次灌浆面应留在距砌块内卡口以下40mm～60mm处，使砌体面与灌浆面不在同一水平面上。

7 现浇混凝土圈梁可直接在灌筑混凝土后的模卡砌块上按设计要求浇捣。现浇圈梁混凝土应灌入圈梁底部模卡砌块卡口以下40mm～60mm处。

8 墙体内的水平钢筋应避开砌块内插保温板置于砌块水平凹槽内，水平中距宜为80mm，用定位拉筋固定。

9 箍筋置于配筋模卡砌块下部卡口的凹槽内，两端封闭在同一平面上。

10 墙体内上、下楼层的竖向钢筋，宜对称位于配筋模卡砌块孔洞中心线两侧并相互搭接；竖筋在每层墙体顶部处应用定位钢筋焊接固定；竖筋表面离砌块孔洞内壁的水平净距不宜小于20mm。每个小砌块孔洞中宜放置1根纵向钢筋，不应超过2根。当孔内设置2根时，两根钢筋的搭接接头不得在同一位置，应上、下错开一个搭接长度的距离。

11 水、电等管线的敷设应与土建施工进度密切配合，设计或施工所需孔洞、沟槽和预埋件等，应按排块图在砌筑时预留或预埋。设计变更或是施工遗漏的孔洞、沟槽，宜用切割机开设。污水管、粪便管等排水管宜明管安装。

12 墙体施工除满足上述要求外，还应满足国家相关标准、规范要求。

<table>
<tr><td colspan="2">结构设计说明(三)</td><td>图集号</td><td>2020沪J107
2020沪G104</td></tr>
<tr><td>审核 顾陆忠</td><td>校对 王新</td><td>设计 姜晓红</td><td>页 62</td></tr>
</table>

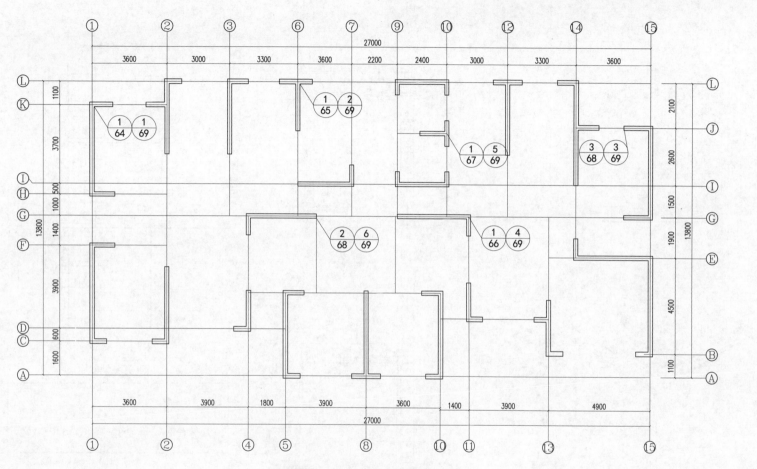

配筋模卡砌块抗震墙设置示例

注: 1.本页为配筋模卡砌块抗震墙设置示例图。未表达的后砌隔墙与墙体的拉
结可参考本图集第36页。
2.纵横向抗震墙宜拉通对直; 每个独立墙段长度不宜大于8m, 且不宜小于
墙厚5倍; 墙段的总高度与墙段长度之比不宜小于2。
3.配筋模卡砌块抗震墙结构不应采用全部短肢墙。

配筋模卡砌块抗震墙设置示例	图集号	2020沪J107 2020沪G104
审核 王新 王新 校对 姜晓红 姜晓红 设计 张学敏 张学敏	页	63

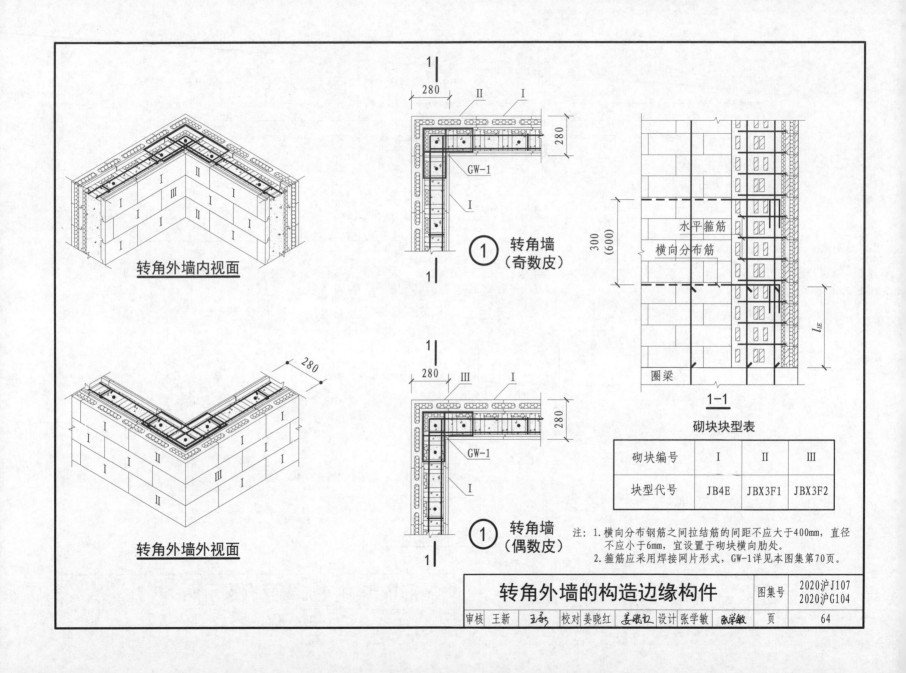

转角外墙内视面

转角外墙外视面

① 转角墙
（奇数皮）

① 转角墙
（偶数皮）

GW-1

水平箍筋

横向分布筋

圈梁

1-1

砌块块型表

砌块编号	I	II	III
块型代号	JB4E	JBX3F1	JBX3F2

注：1. 横向分布钢筋之间拉结筋的间距不应大于400mm，直径不应小于6mm，宜设置于砌块横向肋处。
2. 箍筋应采用焊接网片形式，GW-1详见本图集第70页。

转角外墙的构造边缘构件	图集号	2020沪J107 2020沪G104
审核 王新 王新 校对 姜晓红 姜晓红 设计 张学敏 张学敏	页	64

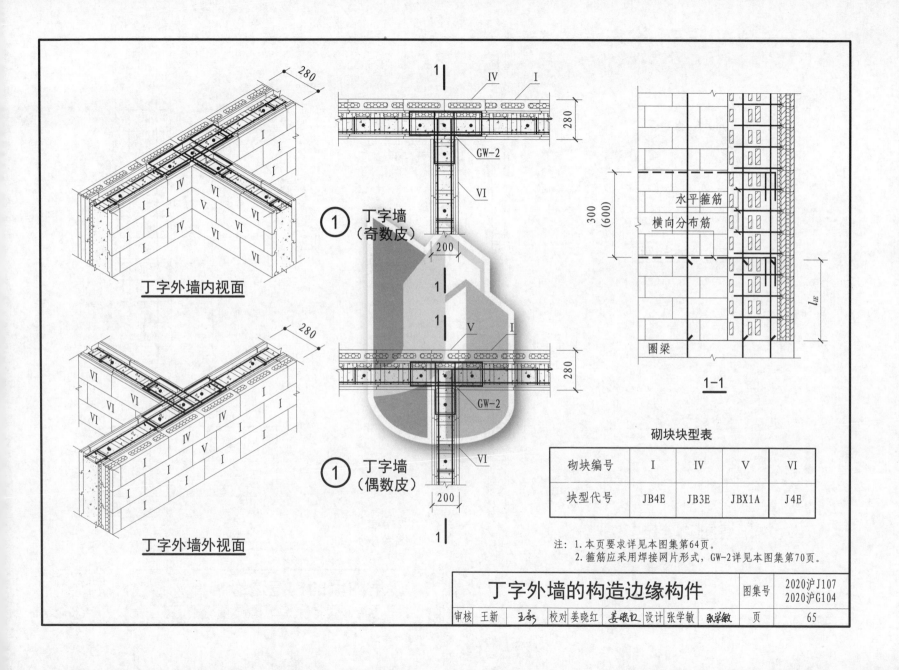

丁字外墙内视面

丁字外墙外视面

①丁字墙
（奇数皮）

①丁字墙
（偶数皮）

1—1

水平箍筋

横向分布筋

圈梁

砌块块型表

砌块编号	I	IV	V	VI
块型代号	JB4E	JB3E	JBX1A	J4E

注：1. 本页要求详见本图集第64页。
2. 箍筋应采用焊接网片形式，GW-2详见本图集第70页。

	丁字外墙的构造边缘构件	图集号	2020沪J107 2020沪G104
审核 王新 王新	校对 姜晓红 姜晓红	设计 张学敏 张学敏	页 65

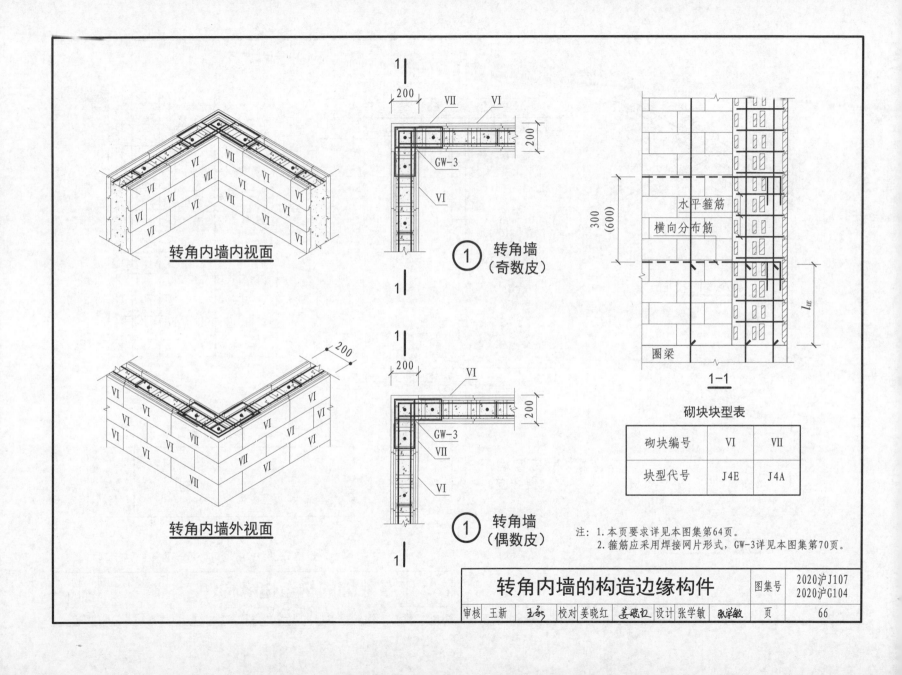

转角内墙内视面

转角内墙外视面

① 转角墙（奇数皮）

GW-3

① 转角墙（偶数皮）

GW-3

水平箍筋

横向分布筋

圈梁

1—1

砌块块型表

砌块编号	VI	VII
块型代号	J4E	J4A

注：1. 本页要求详见本图集第64页。
　　2. 箍筋应采用焊接网片形式，GW-3详见本图集第70页。

转角内墙的构造边缘构件

图集号 2020沪J107
2020沪G104

审核 王新　王新　校对 姜晓红　姜晓红　设计 张学敏　张学敏

页 66

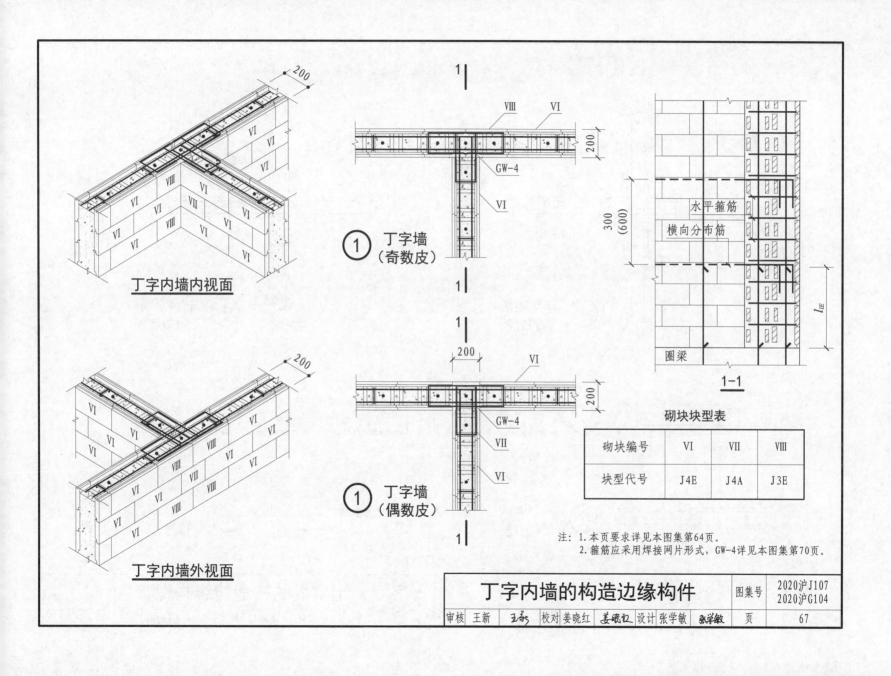

丁字内墙内视面

丁字内墙外视面

① 丁字墙
（奇数皮）

① 丁字墙
（偶数皮）

水平箍筋

横向分布筋

圈梁

1-1

砌块块型表

砌块编号	VI	VII	VIII
块型代号	J4E	J4A	J3E

注：1. 本页要求详见本图集第64页。
　　2. 箍筋应采用焊接网片形式，GW-4详见本图集第70页。

丁字内墙的构造边缘构件	图集号	2020沪J107 2020沪G104
审核 王新 王新 校对 姜晓红 姜晓红 设计 张学敏 张学敏	页	67

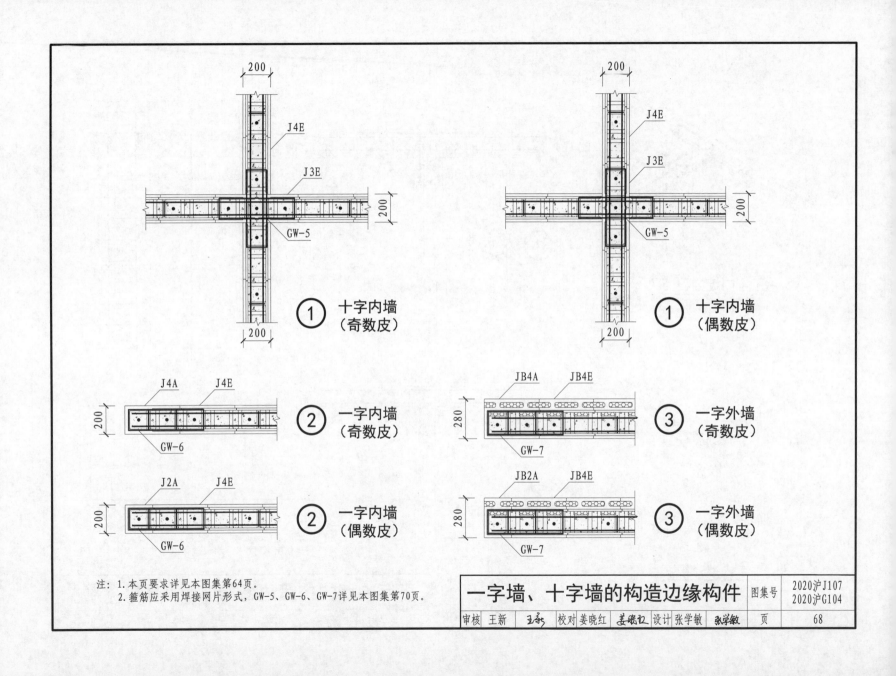

① 十字内墙
（奇数皮）

① 十字内墙
（偶数皮）

② 一字内墙
（奇数皮）

② 一字内墙
（偶数皮）

③ 一字外墙
（奇数皮）

③ 一字外墙
（偶数皮）

注：1. 本页要求详见本图集第64页。
　　2. 箍筋应采用焊接网片形式，GW-5、GW-6、GW-7详见本图集第70页。

一字墙、十字墙的构造边缘构件

| 图集号 | 2020沪J107
2020沪G104 |

| 审核 | 王新 | 王新 | 校对 | 姜晓红 | 姜晓红 | 设计 | 张学敏 | 张学敏 | 页 | 68 |

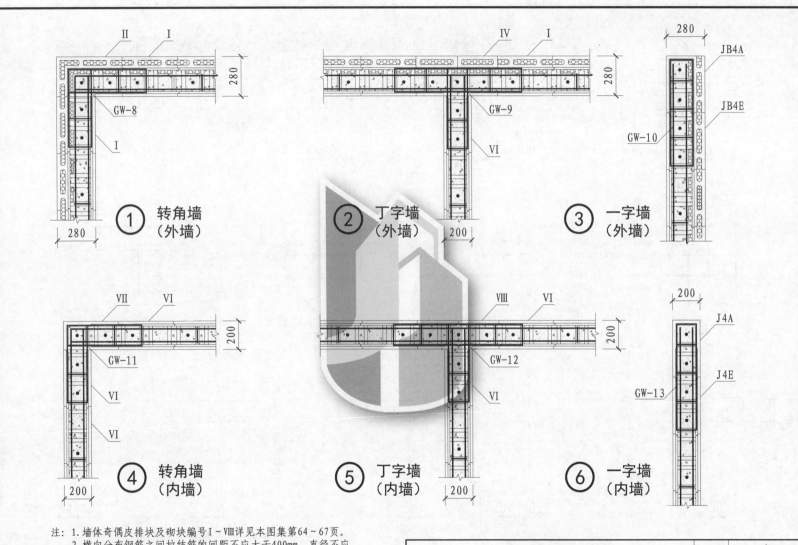

① 转角墙
（外墙）
GW-8
II I
I
I
280
280

② 丁字墙
（外墙）
GW-9
IV I
280
VI
200

③ 一字墙
（外墙）
GW-10
280
JB4A
JB4E

④ 转角墙
（内墙）
GW-11
VII VI
VI
VI
200
200

⑤ 丁字墙
（内墙）
GW-12
VIII VI
VI
200
200

⑥ 一字墙
（内墙）
GW-13
200
J4A
J4E

注：1. 墙体奇偶皮排块及砌块编号 I～Ⅷ详见本图集第64～67页。
2. 横向分布钢筋之间拉结筋的间距不应大于400mm，直径不应
　小于6mm，宜设置于砌块横向肋处。
3. 箍筋应采用焊接网片形式。GW-8～GW-13详见本图集第70页。

约束边缘构件

	图集号	2020沪J107 2020沪G104
审核 王新 王新 校对 姜晓红 姜晓红 设计 张学敏 张学敏	页	69

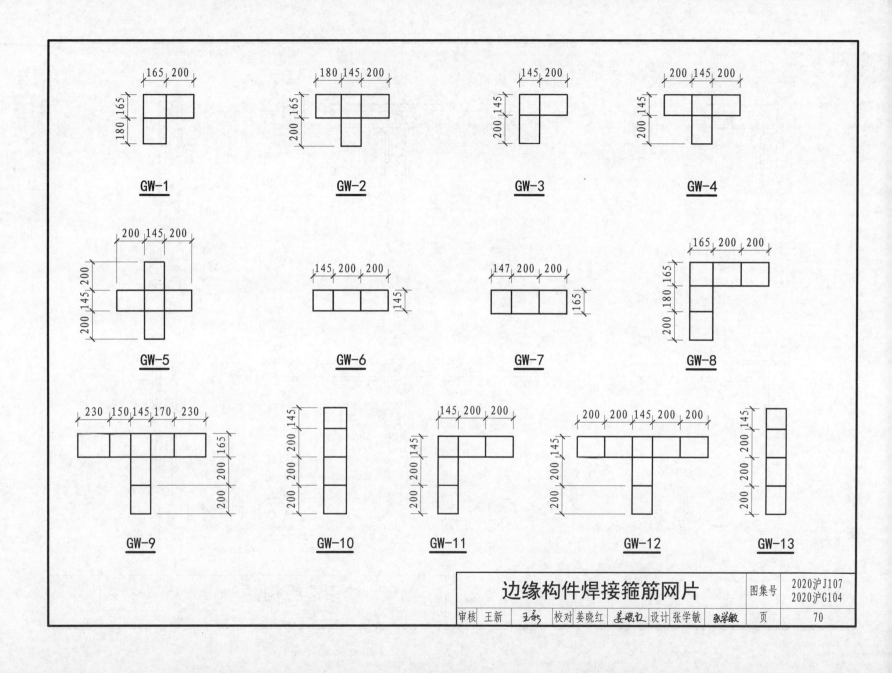

边缘构件焊接箍筋网片

图集号 2020沪J107 2020沪G104

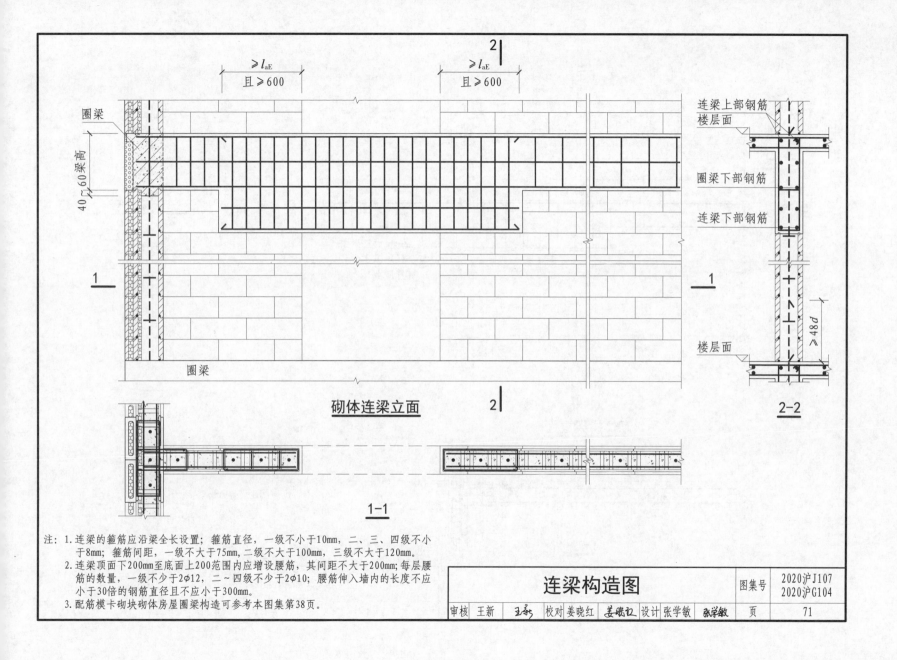

砌体连梁立面

1-1

2-2

注：1.连梁的箍筋应沿梁全长设置；箍筋直径，一级不小于10mm，二、三、四级不小于8mm；箍筋间距，一级不大于75mm，二级不大于100mm，三级不大于120mm。

2.连梁顶面下200mm至底面上200范围内应增设腰筋，其间距不大于200mm；每层腰筋的数量，一级不少于2φ12，二～四级不少于2φ10；腰筋伸入墙内的长度不应小于30倍的钢筋直径且不应小于300mm。

3.配筋模卡砌块砌体房屋圈梁构造可参考本图集第38页。

连梁构造图

| 图集号 | 2020沪J107 |
| | 2020沪G104 |

| 审核 | 王新 | 王新 | 校对 | 姜晓红 | 姜晓红 | 设计 | 张学敏 | 张学敏 | 页 | 71 |

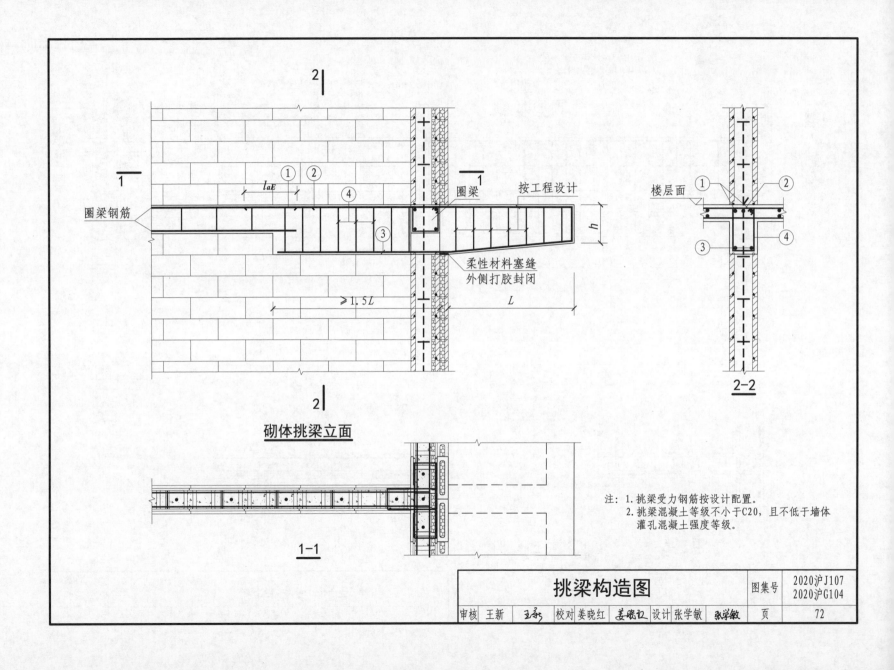

圈梁钢筋

圈梁

按工程设计

l_{aE}

①②

④

③

柔性材料塞缝
外侧打胶封闭

h

≥1.5L

L

楼层面

①②

③④

2-2

砌体挑梁立面

1-1

注：1.挑梁受力钢筋按设计配置。
　　2.挑梁混凝土等级不小于C20，且不低于墙体
　　　灌孔混凝土强度等级。

| 挑梁构造图 | 图集号 | 2020沪J107 |
| | | 2020沪G104 |

| 审核 | 王新 | 王新 | 校对 | 姜晓红 | 姜晓红 | 设计 | 张学敏 | 张学敏 | 页 | 72 |

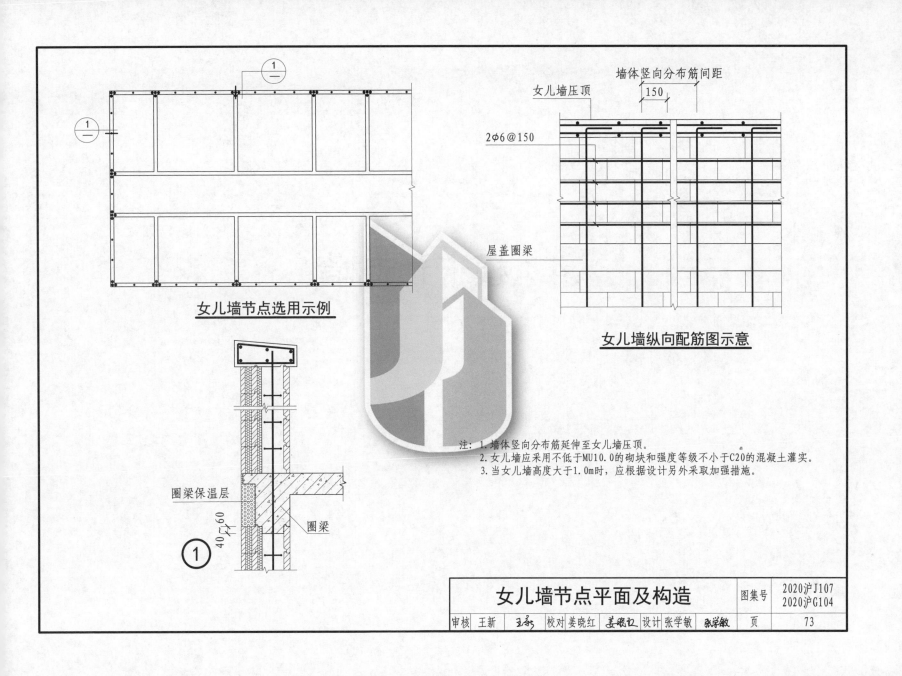

女儿墙节点选用示例

墙体竖向分布筋间距
150

女儿墙压顶

2φ6@150

屋盖圈梁

女儿墙纵向配筋图示意

圈梁保温层

40～60

圈梁

①

注：1.墙体竖向分布筋延伸至女儿墙压顶。
 2.女儿墙应采用不低于MU10.0的砌块和强度等级不小于C20的混凝土灌实。
 3.当女儿墙高度大于1.0m时，应根据设计另外采取加强措施。

女儿墙节点平面及构造

图集号 2020沪J107
2020沪G104

审核 王新 王新 校对 姜晓红 姜晓红 设计 张学敏 张学敏

页 73

4　模卡预制墙

设计说明

4.0.1 编制依据

《建筑结构荷载规范》	GB 50009
《混凝土结构设计规范》	GB 50010
《砌体结构设计规范》	GB 50003
《建筑抗震设计规范》	GB 50011
《建筑结构可靠性设计统一标准》	GB 50068
《混凝土结构工程施工规范》	GB 50666
《建筑材料及制品燃烧性能分级》	GB 8624
《钢结构设计标准》	GB 50017
《钢结构焊接规范》	GB 50661
《房屋建筑制图统一标准》	GB/T 50001
《装配式混凝土建筑技术标准》	GB/T 51231
《碳素结构钢》	GB/T 700
《低合金高强度结构钢》	GB/T 1591
《装配式混凝土结构技术规程》	JGJ 1
《钢筋焊接及验收规程》	JGJ 18
《装配整体式混凝土公共建筑设计规程》	DGJ 08-2154
《建筑抗震设计规程》	DGJ 08-9
《混凝土模卡砌块应用技术标准》	DG/TJ 08-2087
《装配整体式混凝土居住建筑设计规程》	DG／TJ 08-2071
《混凝土模卡砌块技术要求》	DB31/T 962

4.0.2 适用范围

1 本图集适用于抗震设防烈度8度及以下地区，环境类别为一类和二a类的工业与民用建筑的非承重结构混凝土模卡砌块预制墙体。

2 混凝土模卡砌块预制墙（简称"模卡预制墙"）主要包含混凝土保温模卡砌块预制墙（简称"保温模卡预制墙"）及混凝土普通模卡砌块预制墙（简称"普通模卡预制墙"）。

3 对于直接承受动荷载的模卡预制墙，需要另行设计。

4.0.3 编制内容

1 本部分主要内容包括模卡预制墙连接节点基本构造和模卡预制墙典型预制图。

2 本图集所示模卡预制墙体的类型包括：无洞口预制墙、门型预制墙、U型预制墙、I型预制墙、倒T型预制墙、窗下预制墙等常见类型。

4.0.4 材料

1 砌块性能应满足《混凝土模卡砌块技术要求》DB31/T 962的规定。

2 模卡预制墙中所含构造柱、圈梁、过梁等构件的混凝土强度等级不应低于C20，芯柱、系梁、混凝土配筋带等的混凝土强度等级不应低于Cb20。

3 钢筋选用应符合《混凝土结构设计规范》GB 50010的规定。

4 吊装所用吊具钢筋宜采用未经冷加工的HPB300级钢筋制作。连接用的焊接材料，螺栓、锚栓和铆钉等紧固件的材料应符合《钢结构设计标准》GB 50017、《钢结构焊接规范》GB 50661和《钢筋焊接及验收规程》JGJ 18等的规定。其他钢筋的选用应符合《混凝土结构设计规范》GB 50010的规定。

5 对于保温模卡预制墙中的保温材料，应采用防火保温材料，燃烧性能等级不应低于标准《建筑材料及制品燃烧性能分级》GB 8624中B_1级的要求；模卡预制墙附加的外保温材料其燃烧性能等级应满足A级要求。

6 其他材料性能要求详见本图集中第9~10页及第23~27页

设计说明(一)	图集号	2020沪J107 2020沪G104
审核 姜晓红 姜晓红 校对 王俊	设计 丁安磊	页 75

的建筑和结构的相关说明。

4.0.5 墙体及节点设计

1 单片模卡预制墙不宜过长,当模卡预制墙长度超过5m或墙长大于2倍层高时,墙顶与梁宜有拉接措施,墙体中部应加设构造柱,分成两片墙预制。单片模卡预制墙高度不宜超过3.2m。

2 当模卡预制墙有洞口时,宜在窗洞口的上端或下端、门洞口的上端设置钢筋混凝土带;当有洞口的预制墙尽端至门窗洞口边距离小于300mm时,宜采用钢筋混凝土门窗框。

3 模卡预制墙的接缝抗裂、窗洞口防水等构造做法同后砌筑模卡砌块相应做法。

4 模卡预制墙与框架宜采用脱开构造方法连接,当采用不脱开的方法连接时,应考虑其对结构的刚度影响。

4.0.6 制作

1 模卡预制墙用的模卡砌块、混凝土、灌浆料、保温板和钢筋等原材料应满足相应现行规范和国家标准,并出具产品质量证明文件。

2 模卡预制墙制作前,应根据技术要求制定制作方案,制作方案应包括制作工艺、制作计划、技术质量控制措施、吊装、堆放及运输方案等内容。

3 模卡预制墙在运输、吊装等短暂设计状况下的施工验算应满足《装配式混凝土结构技术规程》JGJ 1-2014中第6.2节及《混凝土结构工程施工规范》GB 50666的要求。

4 模卡预制墙在制作前应结合绘制墙体的排块图,砌块错缝搭砌,企口榫接,并按照设计要求设置钢筋、预埋件、管线和保温板等。模卡预制墙浇筑灌浆料前,应检查以下项目:

1)钢筋型号、规格、数量、位置、间距、连接方式、搭接长度、接头位置、钢筋弯折角度等。

2)预埋件、吊环、插筋的型号、规格、数量、位置。

3)预埋管线、线盒的规格、数量、位置及固定措施。

4)砌块的搭砌、保温板的位置及厚度。

5 模卡预制墙制作时,在砌筑平台上铺设一层薄膜或其他隔离措施,在薄膜上铺设底层水平分布筋和U型竖向钢筋后,逐层排放砌块并按要求灌注灌孔浆料。

6 普通模卡墙可每砌3皮~5皮进行灌筑;保温模卡墙应一皮一灌,严禁用水冲浆灌缝,也不得采用石子、木楔等垫塞灰缝的操作方法。灌注时,应用专用插入式振动棒振捣密实,并有灌浆料泌出砌体缝隙。如未发现有灌浆料泌出砌体缝隙,可用锤击法分辨其密实与否。

7 模卡砌块灌浆时,前后二次灌浆面应留在距模卡砌块内卡口以下40mm~60mm处,且墙体两端应设置封堵措施。

8 模卡砌块摆砖时,上、下皮应对孔、错缝搭接,个别情况下无法对孔时,错孔搭接长度不应小于90mm。当不能满足要求时,应在水平缝中设2φ6拉结钢筋,拉结筋两端距离该垂直缝不得小于400mm,竖向通缝不得超过2皮模卡砌块。

9 保温砌块灌浆前应先插入砌块间的保温板,灌浆时应采用专用插入式振动棒振捣密实,以防止保温板上浮。灌浆后应及时清理保温板上口残留的灌浆材料,保温板应上、下连续。在浇筑过程中,应振捣均匀,同时应避开钢筋、埋件、管线等;对于重要勿碰部位,应提前做好标记。

10 模卡预制墙可常温养护也可采用加热养护,应定养护制度,符合《装配式混凝土结构技术规程》JGJ 1的要求。

设计说明(二)	图集号	2020沪J107 2020沪G104
审核 姜晓红 姜晓红 校对 王俊 王俊 设计 丁安磊 丁安磊	页	76

4.0.7 运输堆放

1 模卡预制墙运输时，宜采用竖立运输方式，与地面倾斜角度宜大于80°，车上应设有专用架，且有可靠的稳定措施。预制墙达到设计强度后方可运输。

2 模卡预制墙运输时，应采用木材或混凝土块作为支撑物，构件接触部位用柔性垫片填实，支撑牢固，不得有松动。

3 运输采用的插放架或靠放架，应通过计算确定并应具有足够的强度、刚度和稳定性，支垫应稳固。

4 运输过程中应有防止墙体构件移动、碰撞、倾倒等固定措施。

5 墙片门窗洞口等薄弱部位应采取防止变形开裂的临时加固措施。

6 堆放场地应平整、坚实，应有排水措施，堆放区域宜采取独立划分，边界设置临时围挡。

7 墙体宜垂直堆放，并应有防止墙片倾覆的措施。

8 模卡预制墙在存放和运输过程中宜采取遮挡防雨措施。

4.0.8 安装与连接

1 模卡预制墙安装施工前，应对作业面连接钢筋进行检查（检查连接钢筋的规格、数量、位置、长度等）。当被连接钢筋倾斜或弯曲时，应根据设计进行校正。

2 模卡预制墙的吊装施工应符合下列规定：

1）吊装起重设备应按施工方案配置，并经验收合格。

2）墙板竖向起吊点不应少于2个，吊点的位置设置应使吊具受力均衡，吊点合力宜与构件重心重合。可采用可调式横吊梁均衡起吊就位；吊装示意如图4.0.8所示。

3）在预制墙正式吊装作业前，应先试吊确认可靠后，方可正式作业。

4）模卡预制墙在吊运过程中应保持平衡、稳定。吊装时应采用慢起、快升、缓放的操作方式，先将墙板吊起离地面200mm～300mm，将墙板调平后再快速平稳地吊至安装部位上方，由上而下缓慢落下就位。

5）模卡预制墙吊装时，起吊、回转、就位与调整各阶段应有可靠的操作与防护措施，以防墙板发生碰撞扭转与变形。

6）模卡预制墙吊装就位后，应及时校准并采取临时固定措施。

3 模卡预制墙的吊装应满足下列要求：

1）模卡预制墙的吊装吊具应按国家现行有关标准的规定进行设计、验算或试验检验；可采用墙片吊具或预埋吊环的起吊方式，吊索的水平夹角不宜小于60°，且不应小于45°，并保证吊机主钩位置、吊具及墙板重心在竖直方向重合。

2）模卡预制墙吊装前，吊装设备和吊具应处于安全操作状态，墙体达到设计强度后方可吊装。

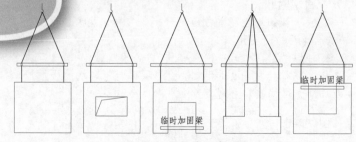

图4.0.8 吊装示意图

<table>
<tr><td>设计说明（三）</td><td>图集号</td><td>2020沪J107
2020沪G104</td></tr>
<tr><td>审核 姜晓红   校对 王俊   设计 丁安磊</td><td>页</td><td>77</td></tr>
</table>

4 模卡预制墙安装过程中的临时固定措施应符合以下各项规定：

1）模卡预制墙的临时固定采用临时支撑，每片墙的临时支撑不应少于2道，间距不宜大于4m，每道临时支撑由上部支撑及下部支撑组成。

2）模卡预制墙上部支撑的支撑点至墙板底部的距离不宜小于墙板高度的2/3，且不应小于墙板高度的1/2。

3）模卡预制墙上部支撑与水平面的夹角一般为45°~60°，应经承载能力及稳定性验算选择合适的规格。

4）支撑杆端部与预制墙或地面预埋件的连接应选择便捷、牢固、既可承受拉力又可承受压力的连接形式，并可通过临时支撑微调墙板的平面位置及垂直度。

5）模卡预制墙临时固定措施的拆除应在墙板与结构可靠连接，且确保混凝土结构达到后续施工承载要求后进行。

5 模卡预制墙与现浇混凝土连接的施工，浇筑混凝土前应清除墙板结合面的浮浆、松散骨料和污物并洒水湿润和其他杂物。

4.0.9 检验验收

1 模卡预制墙生产单位应对模卡砌块和保温板进行检验，检验合格后方可使用。

1）同厂家，每1万块模卡砌块为1个检验批，不足1万块按一批计，抽检数量为1组，检验的项目包括砌块的强度等级、尺寸允许偏差和外观质量；

2）同厂家、同品种、同规格保温板每5000m²为1个检验批，检验项目应包括厚度、干密度、抗压强度、体积吸水率、导热系数和燃烧性能等级，检验结果应符合设计、相关标准

的要求。

2 模卡预制墙的外观质量不应有影响结构性能或安装使用功能等的严重缺陷，且不宜有一般缺陷（按表4.0.9-1划分严重缺陷和一般缺陷）。对于一般缺陷，应进行相应技术处理，并应重新检验。

3 模卡预制墙的尺寸偏差和检验方法应符合表4.0.9-2的相关规定。

表4.0.9-1 模卡预制外墙质量验收

名称	严重缺陷	一般缺陷	检查方法
裂缝	裂缝从砌块表面延伸到内部灌孔浆料内部，影响结构受力性能或使用性能	裂缝仅少数在砌块表面，不影响结构性能或使用功能	观察、尺量
疏松	在墙体中的主要受力部位灌孔浆料不密实	在不影响墙体受力的次要灌孔浆料局部疏松	
孔洞	在主要受力部位有深度和长度超过砌块壁厚的孔洞	在非受力部位有孔洞	
外形缺陷	清水墙砌块缺棱掉角，翘曲不平	其他墙砌块缺棱掉角、翘曲不平	

设计说明（四）

图集号 2020沪J107 2020沪G104

审核 姜晓红 姜晓红 校对 王俊 设计 丁安磊 页 78

表4.0.9-2 模卡预制墙的尺寸偏差和检验方法

项目		允许偏差(mm)	检验方法
墙长度		±8	尺量
墙的高度、厚度		±5	钢尺量一端及中部,取其中偏差绝对值较大的
墙表面平整度		6	2m靠尺和塞尺
墙侧向弯曲		$L/1000$且≤20	拉线、钢尺量最大侧向弯曲处
墙翘曲		$L/1000$	调平尺在两端量测
对角线	墙、门窗口对角线差	10	钢尺量两个对角线
预留孔	中心位置	5	尺量
	孔尺寸	±5	
预留洞	中心位置	10	尺量
	口尺寸、深度	±10	
预埋件	预埋板中心线位置	5	尺量
	预埋板与砌块墙面高差	0,-5	
	预埋螺栓	2	
	预埋螺栓外露长度	+10,-5	
	线管、电盒、木砖、吊环在墙平面的中心位置偏差	20	
	线管、电盒、木砖、吊环在墙表面高差	0,-10	
	预留插筋中心线位置	5	尺量

4.0.10 其他

1 本图集尺寸除注明外,均以毫米(mm)为单位。

2 本图集所引用的规范、标准有新版本更新时,应按照有效版本进行调整。

3 本图集供建设、设计、施工、监理等相关单位使用。

4 当模卡预制墙生产采用其他新工艺时,须提前进行试验操作,确定工艺流程及质量保证措施,确保施工质量。

5 本图集未尽事宜,应按照国家和上海市现行相关规范、标准及技术法规文件执行。

	设计说明(五)	图集号	2020沪J107 2020沪G104
审核 姜晓红 姜晓红 校对 王俊 王俊 设计 丁安磊 丁安磊		页	79

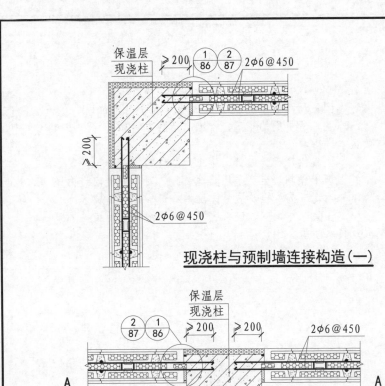

现浇柱与预制墙连接构造（一）

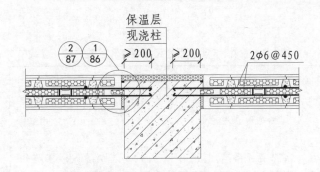

现浇柱与预制墙连接构造（二）

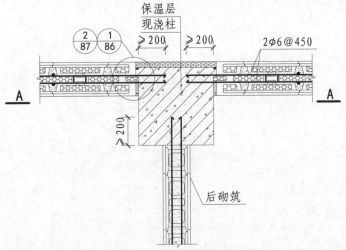

现浇柱与预制墙连接构造（三）

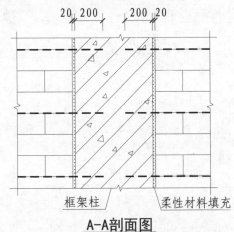

A-A剖面图

注：1. 保温层为A级保温材料，厚度由设计确定。
    2. 模卡预制墙与混凝土柱的连接也可采用本图集第87页的相应节点形式。

模卡预制墙与现浇柱连接节点	图集号	2020沪J107 2020沪G104
审核 姜晓红 姜晓红 校对 王俊 设计 丁安磊	页	80

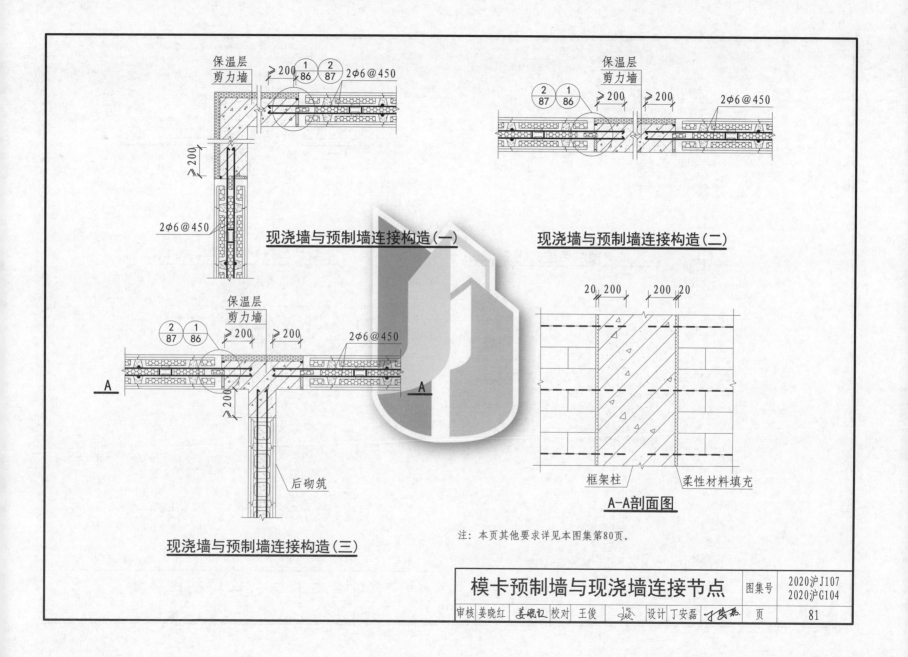

保温层
剪力墙
≥200
①/86 ②/87 2φ6@450

≥200

2φ6@450

现浇墙与预制墙连接构造（一）

②/87 ①/86 ≥200 ≥200 2φ6@450

现浇墙与预制墙连接构造（二）

保温层
剪力墙
②/87 ①/86 ≥200 ≥200 2φ6@450

A

≥200

A

后砌筑

现浇墙与预制墙连接构造（三）

20 200 200 20

框架柱   柔性材料填充

A-A剖面图

注：本页其他要求详见本图集第80页。

模卡预制墙与现浇墙连接节点	图集号	2020沪J107 2020沪G104
审核 姜晓红 姜晓红 校对 王俊 设计 丁安磊	页	81

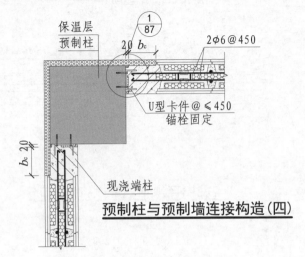

20 b_c 预制柱 2ϕ6@450

$\frac{1}{87}$

保温层
预制柱

U型卡件@≤450
锚栓固定

b_c 20

现浇端柱

预制柱与预制墙连接构造（四）

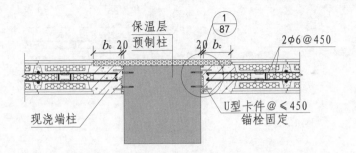

$\frac{1}{87}$

保温层
预制柱

b_c 20

20 b_c 2ϕ6@450

U型卡件@≤450
锚栓固定

现浇端柱

预制柱与预制墙连接构造（五）

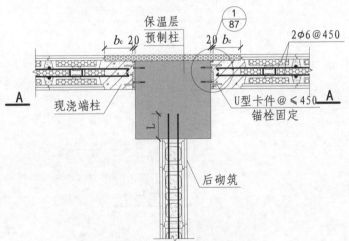

$\frac{1}{87}$

保温层
预制柱

b_c 20

20 b_c 2ϕ6@450

U型卡件@≤450
锚栓固定

A · · · · · · A

现浇端柱

L

后砌筑

预制柱与预制墙连接构造（三）

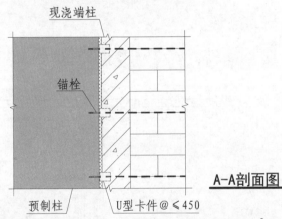

现浇端柱

锚栓

预制柱

U型卡件@≤450

A-A剖面图

注：1. b_c为现浇端柱宽度不小于100mm。柱的竖向纵筋不宜小于ϕ10箍筋宜为ϕ^R5，
竖向间距不宜大于400mm。竖向钢筋与框架梁预留钢筋连接，若采用植筋连
接，植筋深度不小于10d。
2. L为植筋深度。
3. 本页其他要求详见本图集第80页。
4. 预制墙和现浇端柱钢筋连接构造也可采用本图集第87页节点①的连接方式。

模卡预制墙与预制柱连接节点

图集号	2020沪J107 2020沪G104

| 审核 | 姜晓红 | 姜晓红 | 校对 | 王俊 | | 设计 | 丁安磊 | | 页 | 82 |

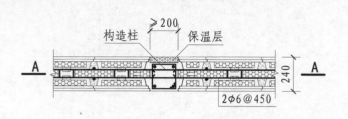

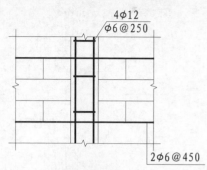

预制墙与构造柱连接构造（一）

A-A剖面图

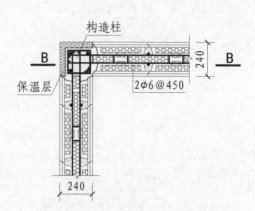

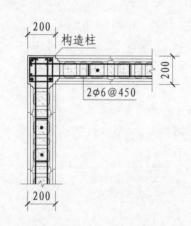

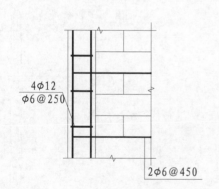

预制墙与构造柱连接构造（二）

预制墙与构造柱连接构造（三）

B-B剖面图

注：本页要求详见本图集第80页。

模卡预制墙与构造柱连接节点	图集号	2020沪J107 2020沪G104
审核 姜晓红 姜晓红 校对 王俊 设计 丁安磊	页	83

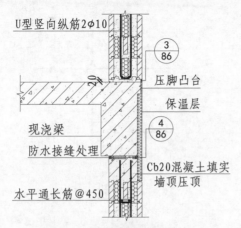

U型竖向纵筋2φ10

3/86

压脚凸台

保温层

现浇梁

4/86

防水接缝处理

Cb20混凝土填实
墙顶压顶

水平通长筋@450

预制外墙与现浇梁连接（一）

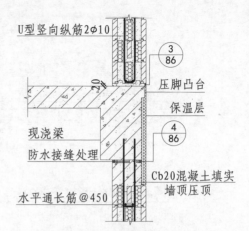

U型竖向纵筋2φ10

3/86

压脚凸台

保温层

现浇梁

4/86

防水接缝处理

Cb20混凝土填实
墙顶压顶

水平通长筋@450

预制外墙与现浇梁连接（二）
（拉结）

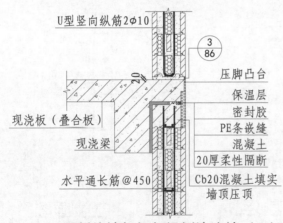

U型竖向纵筋2φ10

3/86

压脚凸台

保温层

现浇板（叠合板）

密封胶

PE条嵌缝

现浇梁

混凝土

20厚柔性隔断

水平通长筋@450

Cb20混凝土填实
墙顶压顶

预制外墙与框架梁侧边连接（一）

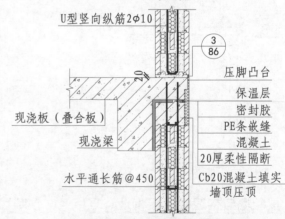

U型竖向纵筋2φ10

3/86

压脚凸台

保温层

现浇板（叠合板）

密封胶

PE条嵌缝

现浇梁

混凝土

20厚柔性隔断

水平通长筋@450

Cb20混凝土填实
墙顶压顶

预制外墙与框架梁侧边连接（二）
（拉结）

注：8度时，长度大于5m的墙体顶部应与梁或楼板拉结。

| 模卡预制墙与框架梁连接节点（一） | 图集号 | 2020沪J107 |
| | | 2020沪G104 |

| 审核 | 姜晓红 | 姜晓红 | 校对 | 王俊 | 设计 | 丁安磊 | 页 | 84 |

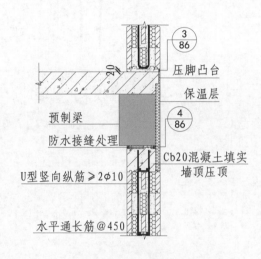

压脚凸台
保温层
预制梁
防水接缝处理
Cb20混凝土填实
墙顶压顶
U型竖向纵筋≥2φ10
水平通长筋@450

$\dfrac{3}{86}$

$\dfrac{4}{86}$

预制外墙与预制梁连接

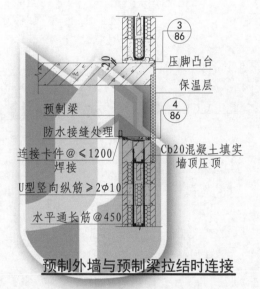

压脚凸台
保温层
预制梁
防水接缝处理
连接卡件@≤1200
焊接
U型竖向纵筋≥2φ10
水平通长筋@450
Cb20混凝土填实
墙顶压顶

$\dfrac{3}{86}$

$\dfrac{4}{86}$

预制外墙与预制梁拉结时连接

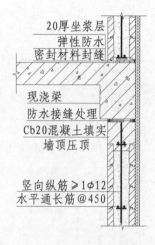

20厚坐浆层
弹性防水
密封材料封缝
现浇梁
防水接缝处理
Cb20混凝土填实
墙顶压顶
竖向纵筋≥1φ12
水平通长筋@450

预制墙与现浇梁连接
（普通模卡砌块）

注：普通模卡砌块预制外墙墙底、墙顶的连接构
造可参考本图集第86页的节点③、节点④。

<table>
<tr><td rowspan="3">模卡预制墙与框架梁连接节点（二）</td><td>图集号</td><td>2020沪J107
2020沪G104</td></tr>
<tr><td colspan="2">审核 姜晓红 姜晓红 校对 王俊 设计 丁安磊</td></tr>
<tr><td>页</td><td>85</td></tr>
</table>

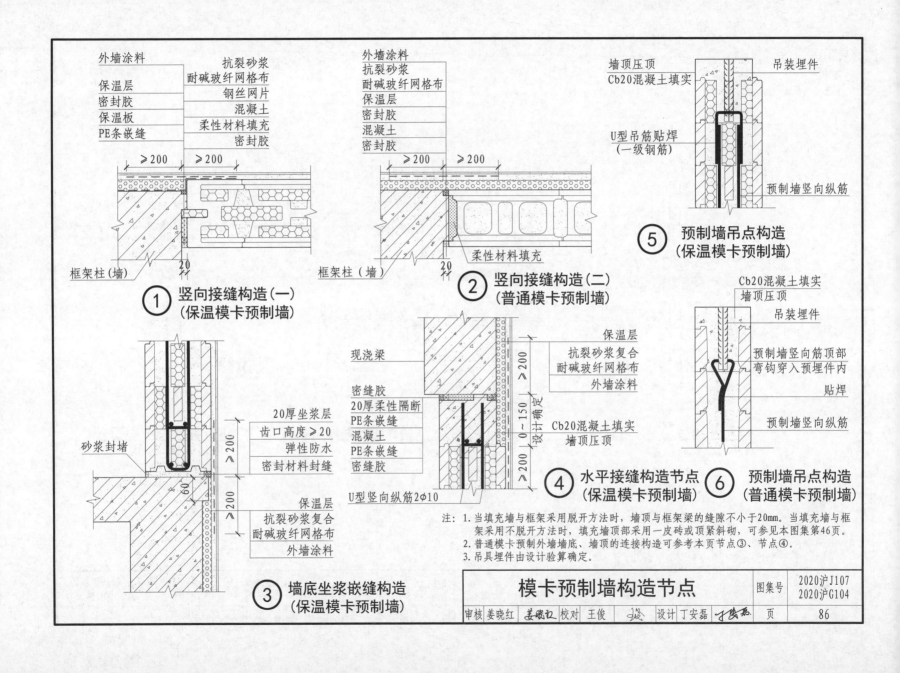

外墙涂料
保温层
密封胶
保温板
PE条嵌缝

抗裂砂浆
耐碱玻纤网格布
钢丝网片
混凝土
柔性材料填充
密封胶

≥200   ≥200

框架柱（墙）   20

① 竖向接缝构造（一）
（保温模卡预制墙）

外墙涂料
抗裂砂浆
耐碱玻纤网格布
保温层
密封胶
混凝土
密封胶

≥200   ≥200

框架柱（墙）   20
柔性材料填充

② 竖向接缝构造（二）
（普通模卡预制墙）

墙顶压顶
Cb20混凝土填实
吊装埋件

U型吊筋贴焊
（一级钢筋）

预制墙竖向纵筋

⑤ 预制墙吊点构造
（保温模卡预制墙）

20厚坐浆层
齿口高度≥20
弹性防水
密封材料封缝

砂浆封堵

≥200   60   ≥200

保温层
抗裂砂浆复合
耐碱玻纤网格布
外墙涂料

③ 墙底坐浆嵌缝构造
（保温模卡预制墙）

现浇梁

密缝胶
20厚柔性隔断
PE条嵌缝
混凝土
PE条嵌缝
密缝胶

U型竖向纵筋2φ10

保温层
抗裂砂浆复合
耐碱玻纤网格布
外墙涂料
≥200

Cb20混凝土填实
墙顶压顶

≥200~150 设计确定 ≥200

④ 水平接缝构造节点
（保温模卡预制墙）

Cb20混凝土填实
墙顶压顶
吊装埋件

预制墙竖向筋顶部
弯钩穿入预埋件内

贴焊

预制墙竖向纵筋

⑥ 预制墙吊点构造
（普通模卡预制墙）

注：1. 当填充墙与框架采用脱开方法时，墙顶与框架梁的缝隙不小于20mm。当填充墙与框架采用不脱开方法时，填充墙顶部采用一皮砖或顶紧斜砌，可参见本图集第46页。
2. 普通模卡预制外墙墙底、墙顶的连接构造可参考本页节点③、节点④。
3. 吊具埋件由设计验算确定。

模卡预制墙构造节点

| 图集号 | 2020沪J107
2020沪G104 |

| 审核 | 姜晓红 | 姜晓红 | 校对 | 王俊 | | 设计 | 丁安磊 | | 页 | 86 |

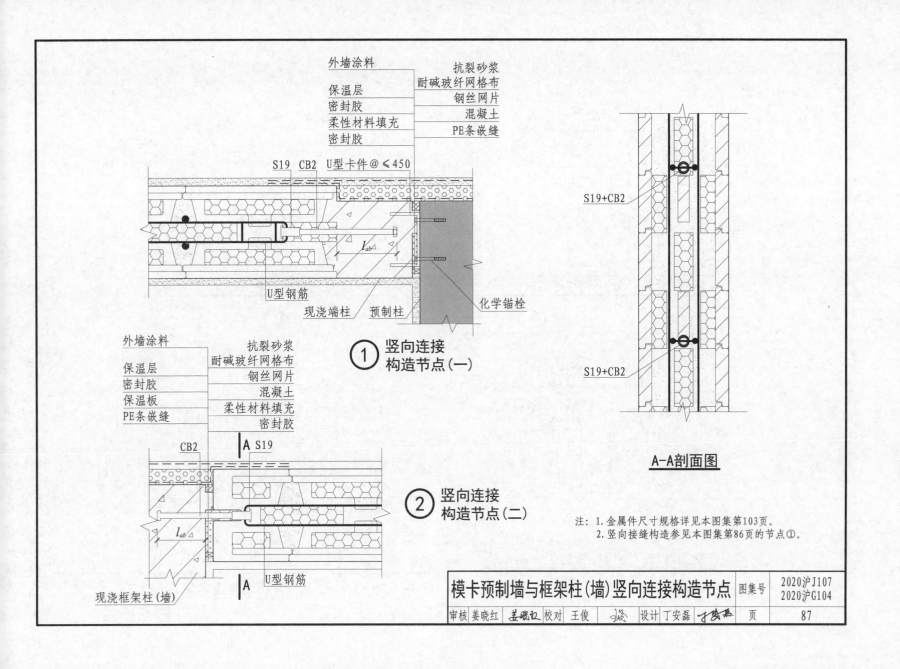

外墙涂料

保温层
密封胶
柔性材料填充
密封胶

抗裂砂浆
耐碱玻纤网格布
钢丝网片
混凝土
PE条嵌缝

S19　CB2　U型卡件@≤450

S19+CB2

S19+CB2

$l_{ab\triangle}$

U型钢筋

现浇端柱　预制柱

化学锚栓

① 竖向连接
构造节点(一)

A-A剖面图

外墙涂料

保温层
密封胶
保温板
PE条嵌缝

抗裂砂浆
耐碱玻纤网格布
钢丝网片
混凝土
柔性材料填充
密封胶

CB2　　A S19

② 竖向连接
构造节点(二)

$l_{ab\triangle}$

现浇框架柱(墙)　U型钢筋

A

注：1.金属件尺寸规格详见本图集第103页。
　　2.竖向接缝构造参见本图集第86页的节点①。

模卡预制墙与框架柱(墙)竖向连接构造节点

图集号	2020沪J107 2020沪G104
审核 姜晓红 *姜晓红* 校对 王俊 设计 丁安磊	页 87

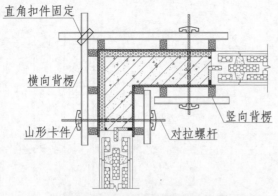

直角扣件固定
横向背楞
山形卡件
竖向背楞
对拉螺杆

预制墙与现浇段模板施工详图(一)

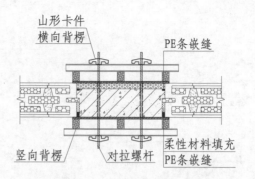

山形卡件
横向背楞
PE条嵌缝
竖向背楞
对拉螺杆
柔性材料填充
PE条嵌缝

预制墙与现浇段模板施工详图(二)

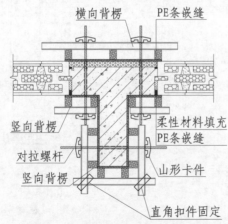

横向背楞
PE条嵌缝
竖向背楞
柔性材料填充
PE条嵌缝
对拉螺杆
山形卡件
竖向背楞
直角扣件固定

预制墙与现浇段模板施工详图(三)

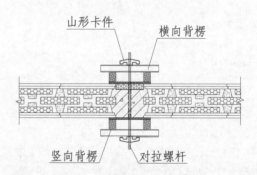

山形卡件
横向背楞
竖向背楞
对拉螺杆

预制墙与构造柱模板施工详图(一字墙)

注：边缘处PE条施胶前撕除。

模卡预制墙与现浇墙、柱模板施工安装(一)	图集号	2020沪J107 2020沪G104

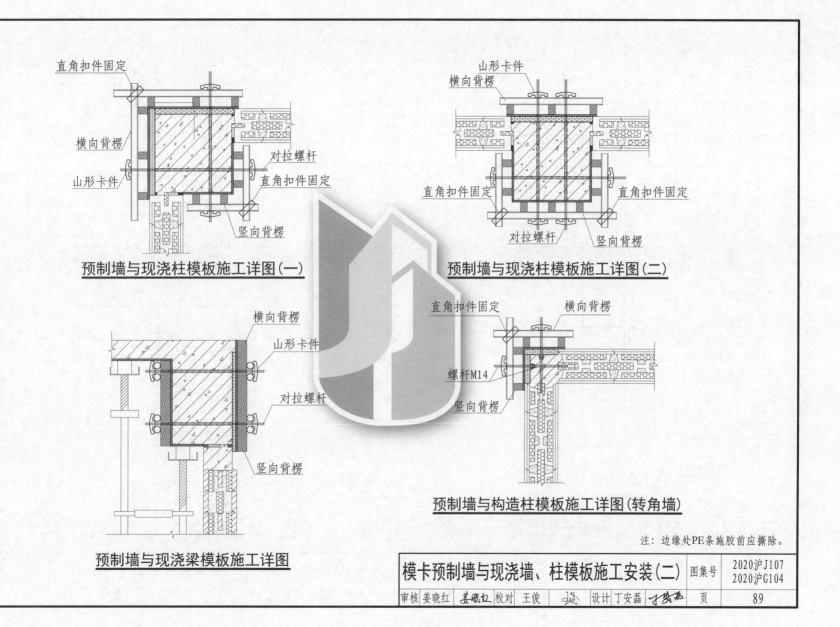

预制墙与现浇柱模板施工详图(一)

预制墙与现浇柱模板施工详图(二)

预制墙与现浇梁模板施工详图

预制墙与构造柱模板施工详图(转角墙)

注:边缘处PE条施胶前应撕除。

模卡预制墙与现浇墙、柱模板施工安装(二)	图集号	2020沪J107 2020沪G104
审核 姜晓红 姜晓红 校对 王俊 设计 丁安磊	页	89

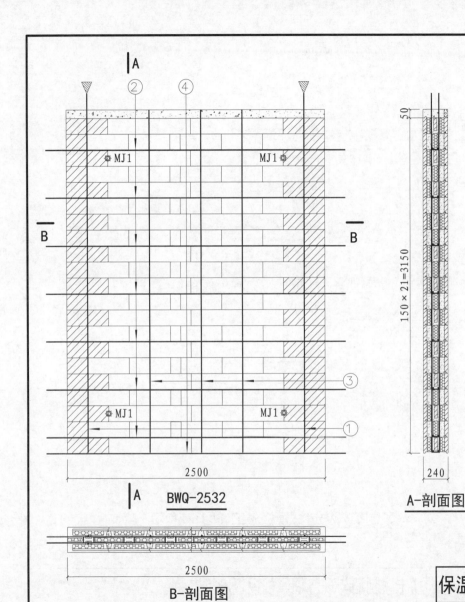

BWQ-2532

2500

B-剖面图

150×21=3150

50

240

A-剖面图

预埋件一览表

编号	功能	图例	数量	规格	备注
MJ1	斜撑用	✿	4	M20(0)L=180	
	吊点钢筋	▽	2		

钢筋明细表

编号	直径	尺寸	数量	备注
①	φ12	3520 / 3520	2	83
②	φ8	2900	14	
③	φ12	3200 / 3200	3	83
④	φ10	2900	2	

砌块一览表

图例	规格	备注
□	100×240×150	1/4标准块型
□	200×240×150	1/2标准块型
□	400×240×150	标准块型
▨	200×240×150	1/2标准端头块型
▨	400×240×150	端头块型

注:1. 沿墙高间距450mm设2φ8的水平钢筋。
 2. 沿墙长间距≤600mm设≥2φ10的纵向钢筋,吊筋及吊钩设计应满足相关标准、规范要求。
 3. 若预制墙端部与构造柱或现浇端柱相连,预制墙端部砌块采用标准块型并预留水平钢筋满足锚固要求。
 4. 电气管线、埋件的做法参见本图集第102页。
 5. 预制墙顶部混凝土压顶一般小于150mm,具体尺寸、配筋由设计确定,并参见本图集第86页节点④设计防水构造措施。

保温模卡预制墙典型构件图(无洞口)

图集号 2020沪J107 2020沪G104

审核 姜晓红 姜晓红 校对 王俊 设计 丁安磊

页 90

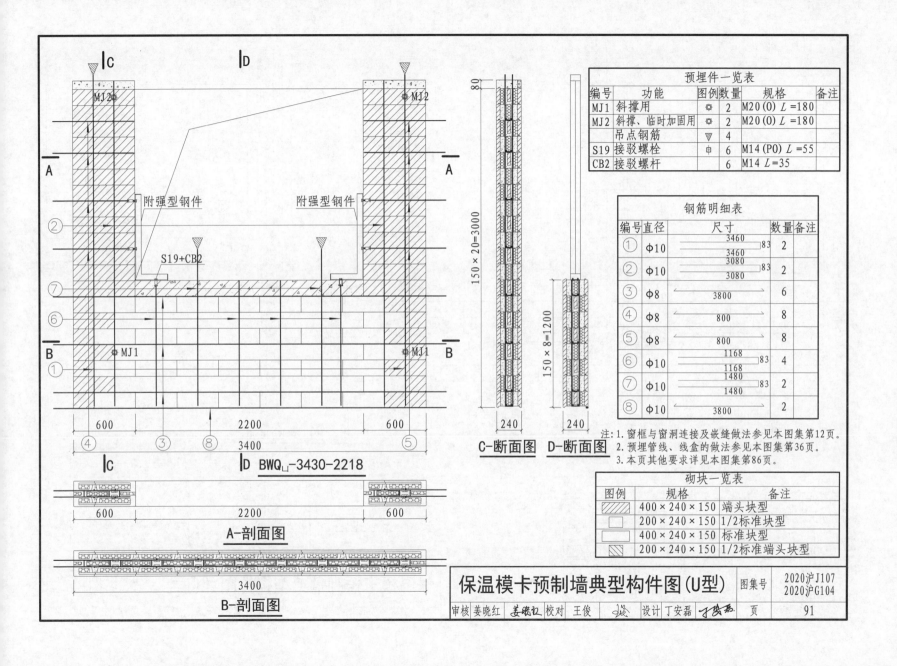

预埋件一览表

编号	功能	图例	数量	规格	备注
MJ1	斜撑用	✿	2	M20(O) L=180	
MJ2	斜撑、临时加固用	✿	2	M20(O) L=180	
	吊点钢筋	▽	4		
S19	接驳螺栓	⊕	6	M14(PO) L=55	
CB2	接驳螺杆		6	M14 L=35	

钢筋明细表

编号	直径	尺寸	数量	备注
①	Φ10	3460 / 3460 / 83	2	
②	Φ10	3080 / 3080 / 83	2	
③	Φ8	3800	6	
④	Φ8	800	8	
⑤	Φ8	800	8	
⑥	Φ10	1168 / 1168 / 83	4	
⑦	Φ10	1480 / 1480 / 83	2	
⑧	Φ10	3800	2	

A-剖面图

B-剖面图

C-断面图　　**D-断面图**

注:1. 窗框与窗洞连接及嵌缝做法参见本图集第12页。
　2. 预埋管线、线盒的做法参见本图集第36页。
　3. 本页其他要求详见本图集第86页。

砌块一览表

图例	规格	备注
	400×240×150	端头块型
	200×240×150	1/2标准块型
	400×240×150	标准块型
	200×240×150	1/2标准端头块型

保温模卡预制墙典型构件图(U型)

附强型钢件　　附强型钢件

S19+CB2

BWQ⌐-3430-2218

图集号	2020沪J107 / 2020沪G104
审核 姜晓红　姜晓红　校对 王俊　　设计 丁安磊	页 91

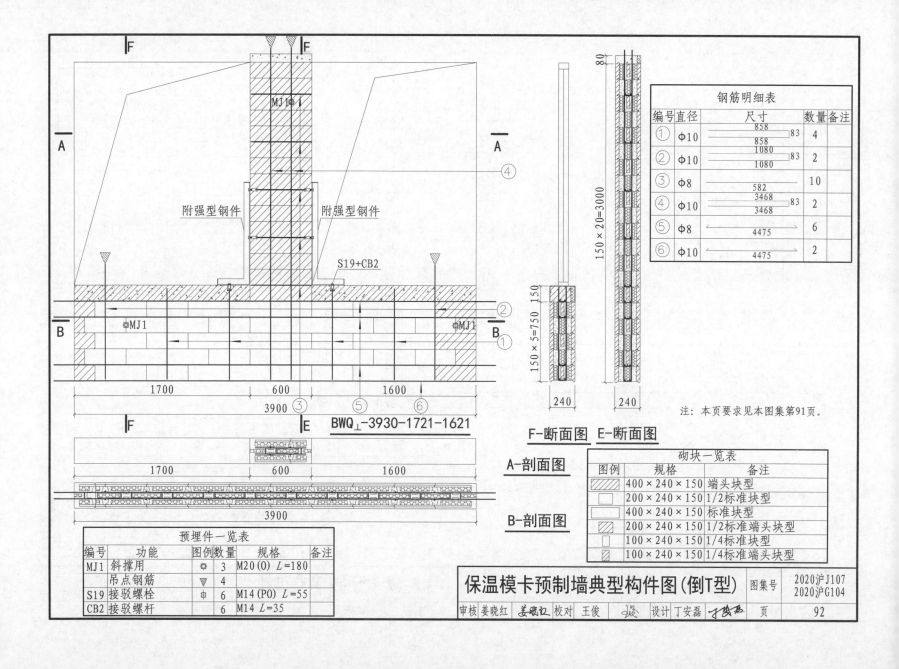

钢筋明细表

编号	直径	尺寸	数量	备注
①	Φ10	858 / 858 / 83	4	
②	Φ10	1080 / 1080 / 83	2	
③	Φ8	582	10	
④	Φ10	3468 / 3468 / 83	2	
⑤	Φ8	4475	6	
⑥	Φ10	4475	2	

MJ1Φ1

附强型钢件   附强型钢件

S19+CB2

ΦMJ1   ΦMJ1

1700   600   1600

3900

BWQ⊥-3930-1721-1621

1700   600   1600

3900

80
150×20=3000
150×5=750   150
240   240

注：本页要求见本图集第91页。

F-断面图   E-断面图

A-剖面图

B-剖面图

砌块一览表

图例	规格	备注
	400×240×150	端头块型
	200×240×150	1/2标准块型
	400×240×150	标准块型
	200×240×150	1/2标准端头块型
	100×240×150	1/4标准块型
	100×240×150	1/4标准端头块型

预埋件一览表

编号	功能	图例	数量	规格	备注
MJ1	斜撑用	Φ	3	M20(0) L=180	
	吊点钢筋	▽	4		
S19	接驳螺栓	Φ	6	M14(P0) L=55	
CB2	接驳螺杆		6	M14 L=35	

保温模卡预制墙典型构件图(倒T型)

图集号 2020沪J107 2020沪G104

审核 姜晓红 姜晓红 校对 王俊   设计 丁安磊   页 92

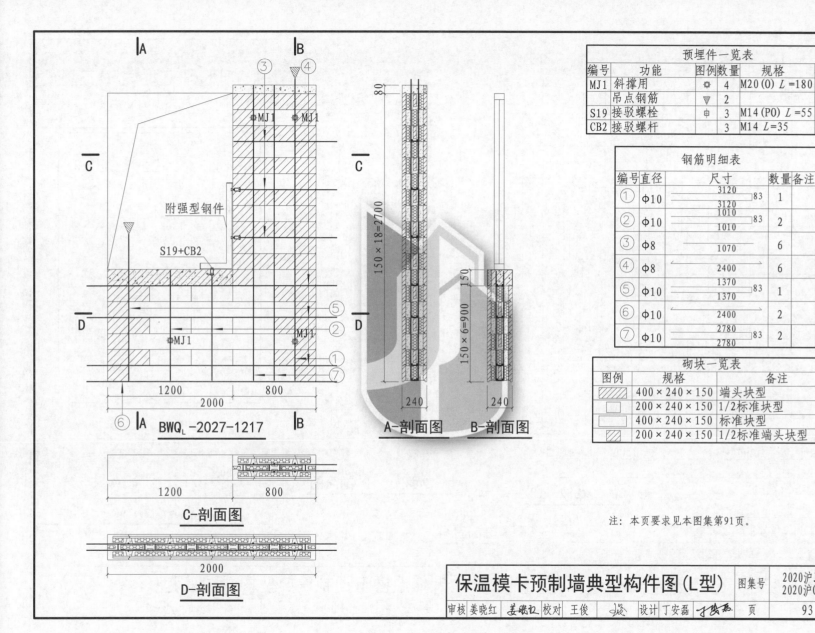

预埋件一览表

编号	功能	图例	数量	规格	备注
MJ1	斜撑用		4	M20(0) L=180	
	吊点钢筋	▽	2		
S19	接驳螺栓		3	M14(PO) L=55	
CB2	接驳螺杆		3	M14 L=35	

钢筋明细表

编号	直径	尺寸	数量	备注
①	Φ10	3120 / 3120 83	1	
②	Φ10	1010 / 1010 83	2	
③	Φ8	1070	6	
④	Φ8	2400	6	
⑤	Φ10	1370 / 1370 83	1	
⑥	Φ10	2400	2	
⑦	Φ10	2780 / 2780 83	2	

砌块一览表

图例	规格	备注
	400×240×150	端头块型
	200×240×150	1/2标准块型
	400×240×150	标准块型
	200×240×150	1/2标准端头块型

BWQ$_L$-2027-1217

A-剖面图   B-剖面图

C-剖面图

D-剖面图

注：本页要求见本图集第91页。

保温模卡预制墙典型构件图(L型)

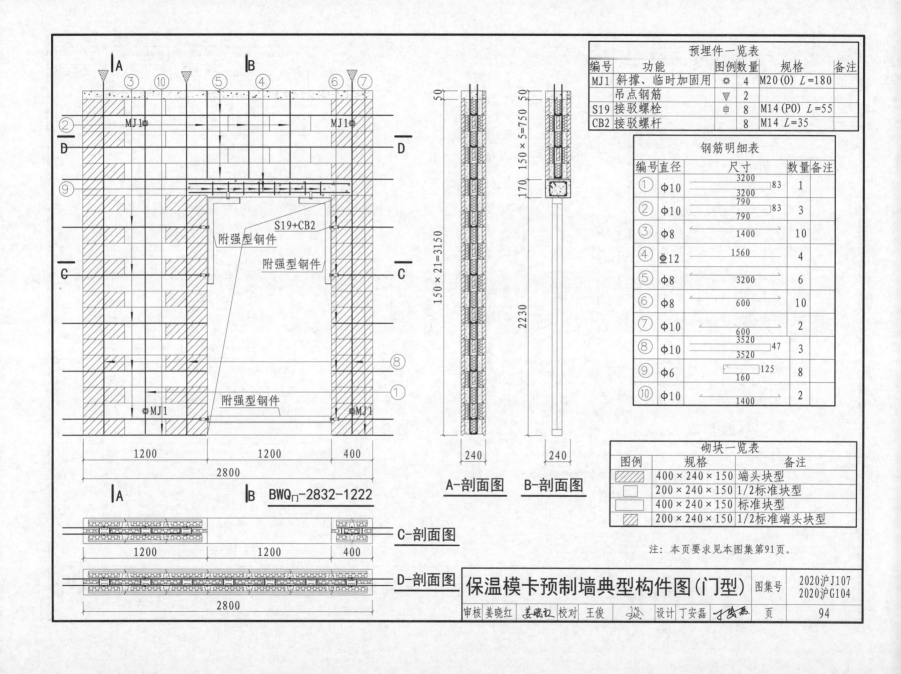

预埋件一览表

编号	功能	图例	数量	规格	备注
MJ1	斜撑、临时加固用	⊕	4	M20(O) L=180	
	吊点钢筋	▽	2		
S19	接驳螺栓	⊕	8	M14(PO) L=55	
CB2	接驳螺杆		8	M14 L=35	

钢筋明细表

编号	直径	尺寸	数量	备注
①	Φ10	3200 / 3200 ⌐83	1	
②	Φ10	790 / 790 ⌐83	3	
③	Φ8	1400	10	
④	Φ12	1560	4	
⑤	Φ8	3200	6	
⑥	Φ8	600	10	
⑦	Φ10	600	2	
⑧	Φ10	3520 / 3520 ⌐47	3	
⑨	Φ6	160 / 125	8	
⑩	Φ10	1400	2	

附强型钢件
S19+CB2
附强型钢件
附强型钢件
⊕MJ1   ⊕MJ1

1200   1200   400
2800

BWQ┌-2832-1222

A-剖面图   B-剖面图

240   240

砌块一览表

图例	规格	备注
	400×240×150	端头块型
	200×240×150	1/2标准块型
	400×240×150	标准块型
	200×240×150	1/2标准端头块型

注: 本页要求见本图集第91页。

C-剖面图
1200   1200   400

D-剖面图
2800

保温模卡预制墙典型构件图(门型)

图集号	2020沪J107 2020沪G104
审核 姜晓红 姜晓红	校对 王俊	设计 丁安磊	页 94

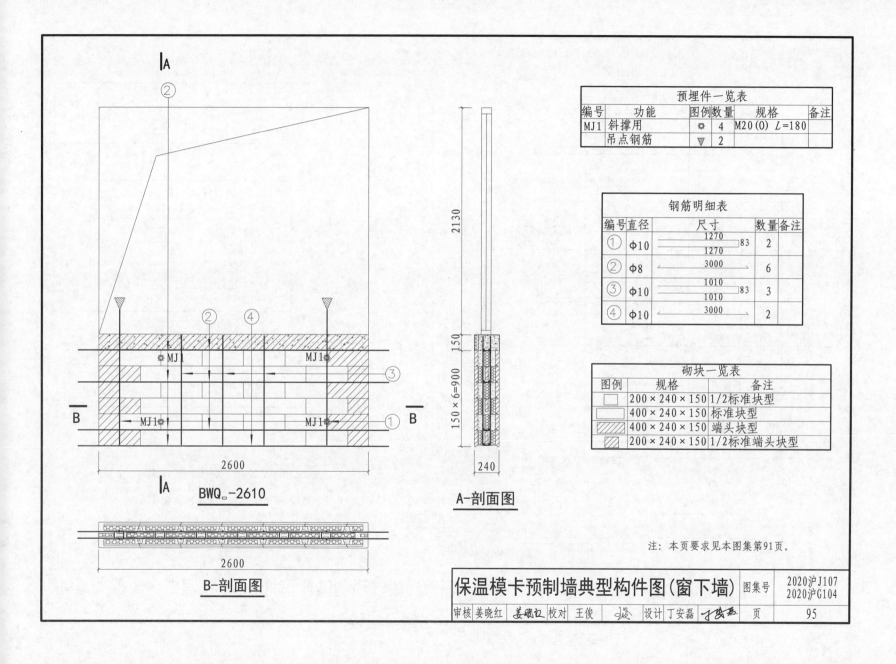

预埋件一览表

编号	功能	图例	数量	规格	备注
MJ1	斜撑用	⊙	4	M20(0) L=180	
	吊点钢筋	▽	2		

钢筋明细表

编号	直径	尺寸	数量	备注
①	Φ10	1270 / 83 / 1270	2	
②	Φ8	3000	6	
③	Φ10	1010 / 83 / 1010	3	
④	Φ10	3000	2	

砌块一览表

图例	规格	备注
□	200×240×150	1/2标准块型
▭	400×240×150	标准块型
▨	400×240×150	端头块型
▨	200×240×150	1/2标准端头块型

2130

150

150×6=900

240

A-剖面图

BWQ□-2610

2600

2600

B-剖面图

注：本页要求见本图集第91页。

保温模卡预制墙典型构件图(窗下墙)

图集号 2020沪J107 2020沪G104

| 审核 | 姜晓红 | 姜晓红 | 校对 | 王俊 | | 设计 | 丁安磊 | | 页 | 95 |

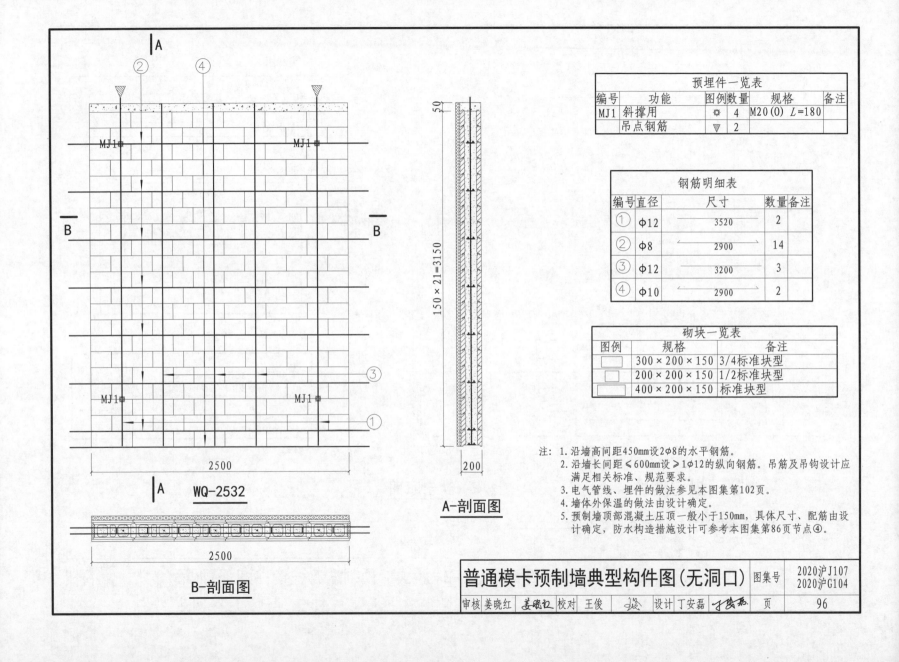

预埋件一览表

编号	功能	图例	数量	规格	备注
MJ1	斜撑用	✿	4	M20(0) L=180	
	吊点钢筋	▽	2		

钢筋明细表

编号	直径	尺寸	数量	备注
①	Φ12	3520	2	
②	Φ8	2900	14	
③	Φ12	3200	3	
④	Φ10	2900	2	

砌块一览表

图例	规格	备注
▭	300×200×150	3/4标准块型
▭	200×200×150	1/2标准块型
▭	400×200×150	标准块型

WQ-2532

A-剖面图

B-剖面图

注：1. 沿墙高间距450mm设2φ8的水平钢筋。
　　2. 沿墙长间距≤600mm设≥1φ12的纵向钢筋。吊筋及吊钩设计应满足相关标准、规范要求。
　　3. 电气管线、埋件的做法参见本图集第102页。
　　4. 墙体外保温的做法由设计确定。
　　5. 预制墙顶部混凝土压顶一般小于150mm，具体尺寸、配筋由设计确定，防水构造措施设计可参考本图集第86页节点④。

普通模卡预制墙典型构件图(无洞口)

		图集号	2020沪J107 2020沪G104
审核 姜晓红 *姜晓红*	校对 王俊 *王俊*	设计 丁安磊 *丁安磊*	页 96

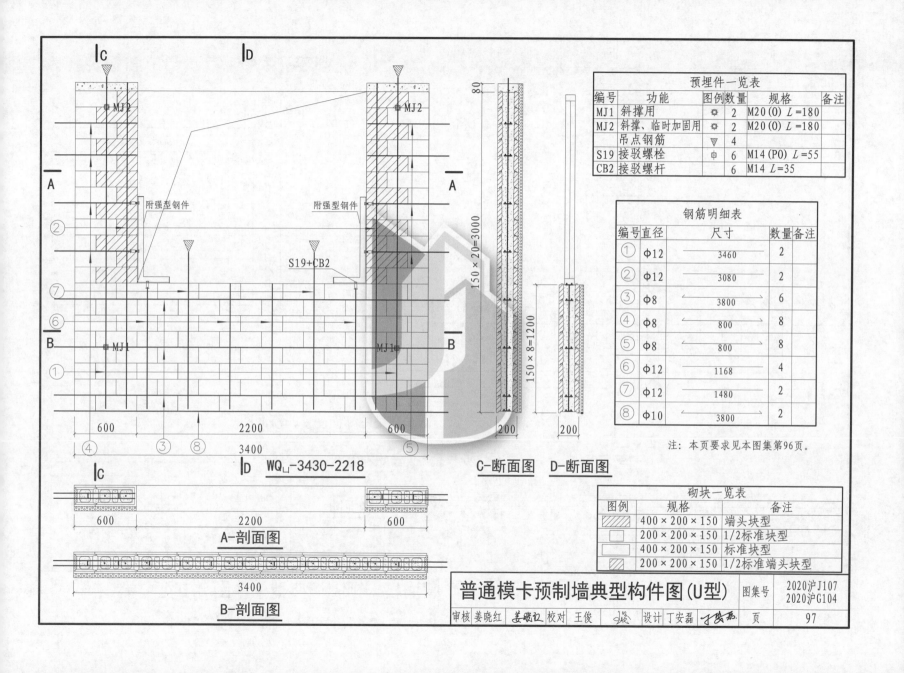

预埋件一览表					
编号	功能	图例	数量	规格	备注
MJ1	斜撑用	✿	2	M20(O) L=180	
MJ2	斜撑、临时加固用	✿	2	M20(O) L=180	
	吊点钢筋	▽	4		
S19	接驳螺栓	中	6	M14(PO) L=55	
CB2	接驳螺杆		6	M14 L=35	

钢筋明细表				
编号	直径	尺寸	数量	备注
①	Φ12	3460	2	
②	Φ12	3080	2	
③	Φ8	3800	6	
④	Φ8	800	8	
⑤	Φ8	800	8	
⑥	Φ12	1168	4	
⑦	Φ12	1480	2	
⑧	Φ10	3800	2	

注：本页要求见本图集第96页。

C-断面图 D-断面图

WQ⌐-3430-2218

A-剖面图

B-剖面图

砌块一览表		
图例	规格	备注
▨	400×200×150	端头块型
□	200×200×150	1/2标准块型
▭	400×200×150	标准块型
▨	200×200×150	1/2标准端头块型

普通模卡预制墙典型构件图(U型)

图集号 2020沪J107 / 2020沪G104

审核 姜晓红 姜晓红 校对 王俊 设计 丁安磊

页 97

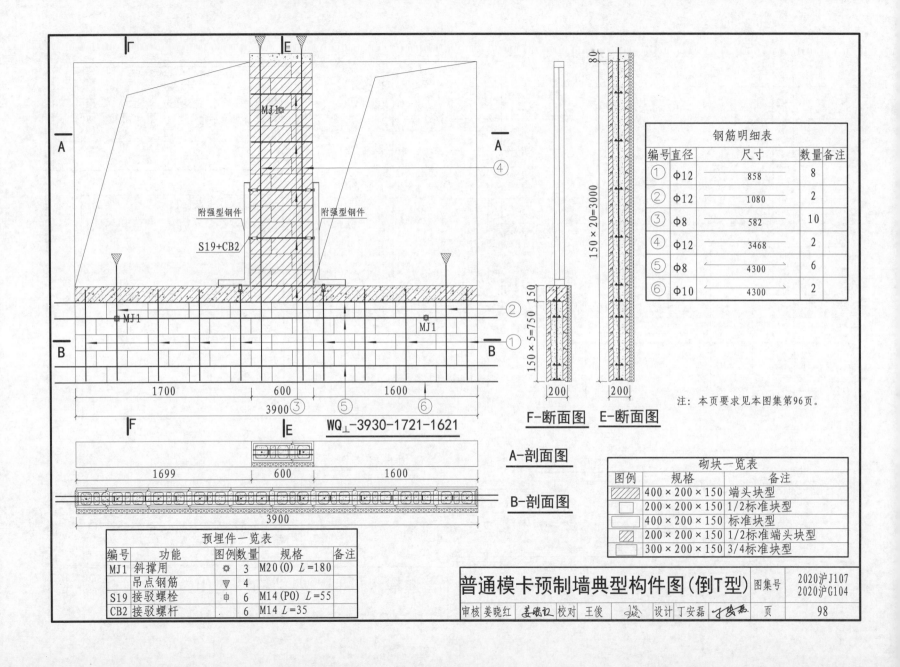

钢筋明细表

编号	直径	尺寸	数量	备注
①	Φ12	858	8	
②	Φ12	1080	2	
③	Φ8	582	10	
④	Φ12	3468	2	
⑤	Φ8	4300	6	
⑥	Φ10	4300	2	

MJ1⊙

附强型钢件   附强型钢件

S19+CB2

150×5=750 150 150 150×20=3000

80

200   200

F-断面图   E-断面图

注:本页要求见本图集第96页。

1700   600   1600

3900 ③   ⑤   ⑥

|F |E

WQ⊥-3930-1721-1621

A-剖面图

1699   600   1600

B-剖面图

3900

砌块一览表

图例	规格	备注
	400×200×150	端头块型
	200×200×150	1/2标准块型
	400×200×150	标准块型
	200×200×150	1/2标准端头块型
	300×200×150	3/4标准块型

预埋件一览表

编号	功能	图例	数量	规格	备注
MJ1	斜撑用	⊙	3	M20(O) L=180	
	吊点钢筋	▽	4		
S19	接驳螺栓	⊕	6	M14(PO) L=55	
CB2	接驳螺杆	.	6	M14 L=35	

普通模卡预制墙典型构件图(倒T型)

图集号	2020沪J107 2020沪G104
审核 姜晓红 姜晓红 校对 王俊	设计 丁安磊
	页 98

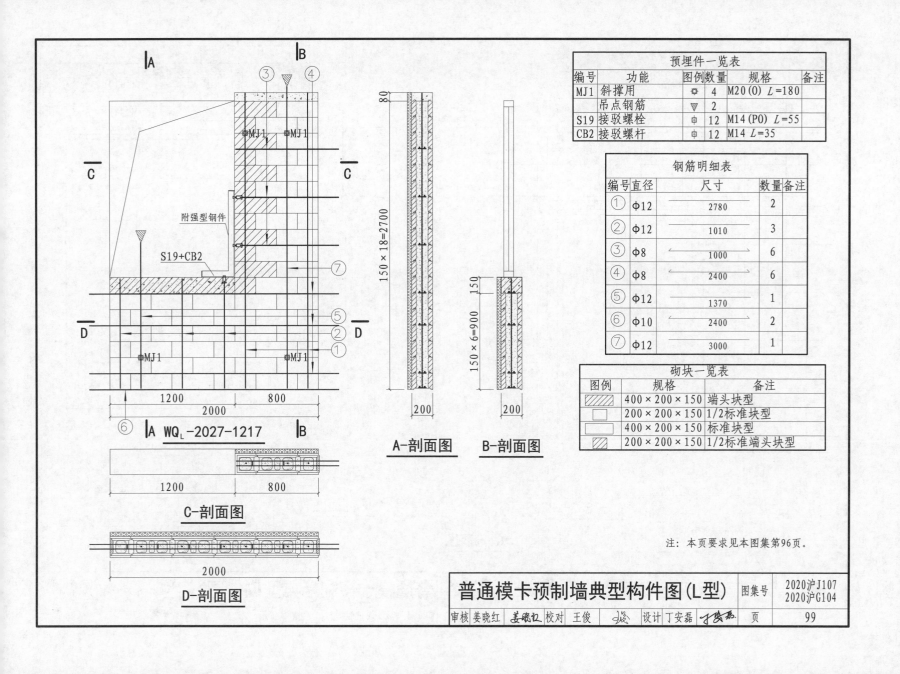

预埋件一览表					
编号	功能	图例	数量	规格	备注
MJ1	斜撑用	✿	4	M20(O) $L=180$	
	吊点钢筋	▽	2		
S19	接驳螺栓	⊕	12	M14(PO) $L=55$	
CB2	接驳螺杆	⊕	12	M14 $L=35$	

钢筋明细表				
编号	直径	尺寸	数量	备注
①	Φ12	2780	2	
②	Φ12	1010	3	
③	Φ8	1000	6	
④	Φ8	2400	6	
⑤	Φ12	1370	1	
⑥	Φ10	2400	2	
⑦	Φ12	3000	1	

砌块一览表		
图例	规格	备注
▨	400×200×150	端头块型
▭	200×200×150	1/2标准块型
▭	400×200×150	标准块型
▨	200×200×150	1/2标准端头块型

A-剖面图

B-剖面图

WQ$_L$-2027-1217

C-剖面图

D-剖面图

注：本页要求见本图集第96页。

普通模卡预制墙典型构件图(L型)

图集号 2020沪J107 2020沪G104

审核 姜晓红　校对 王俊　设计 丁安磊

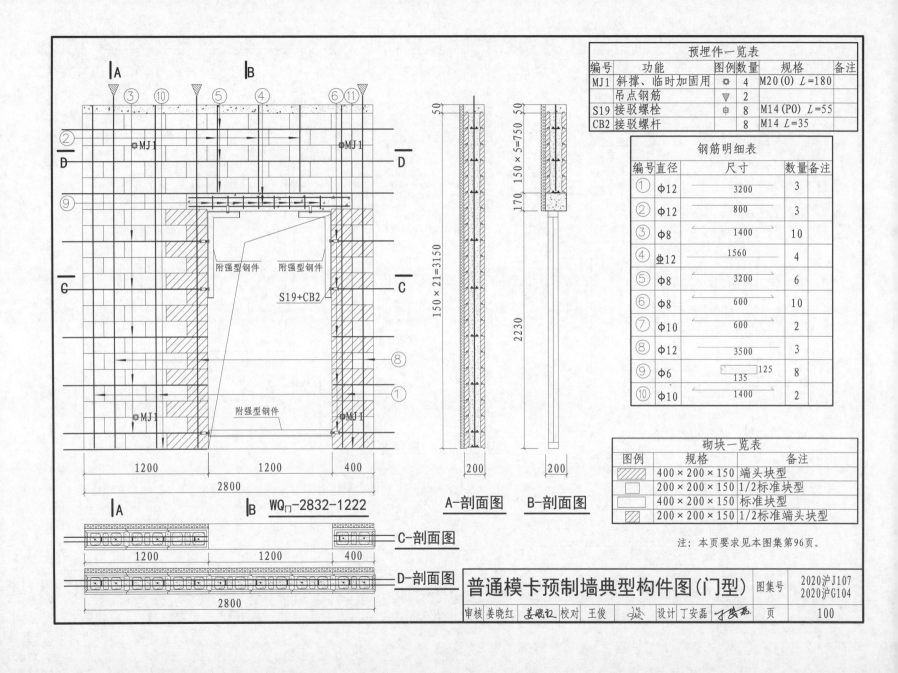

预埋件一览表

编号	功能	图例	数量	规格	备注
MJ1	斜撑、临时加固用	✿	4	M20(O) L=180	
	吊点钢筋	▽	2		
S19	接驳螺栓	⊕	8	M14(PO) L=55	
CB2	接驳螺杆		8	M14 L=35	

钢筋明细表

编号	直径	尺寸	数量	备注
①	Φ12	3200	3	
②	Φ12	800	3	
③	Φ8	1400	10	
④	⊈12	1560	4	
⑤	Φ8	3200	6	
⑥	Φ8	600	10	
⑦	Φ10	600	2	
⑧	Φ12	3500	3	
⑨	Φ6	125 / 135	8	
⑩	Φ10	1400	2	

砌块一览表

图例	规格	备注
	400×200×150	端头块型
	200×200×150	1/2标准块型
	400×200×150	标准块型
	200×200×150	1/2标准端头块型

注：本页要求见本图集第96页。

WQ口-2832-1222

A-剖面图   B-剖面图

C-剖面图

D-剖面图

普通模卡预制墙典型构件图(门型)

图集号 2020沪J107 2020沪G104

审核 姜晓红   校对 王俊   设计 丁安磊

页 100

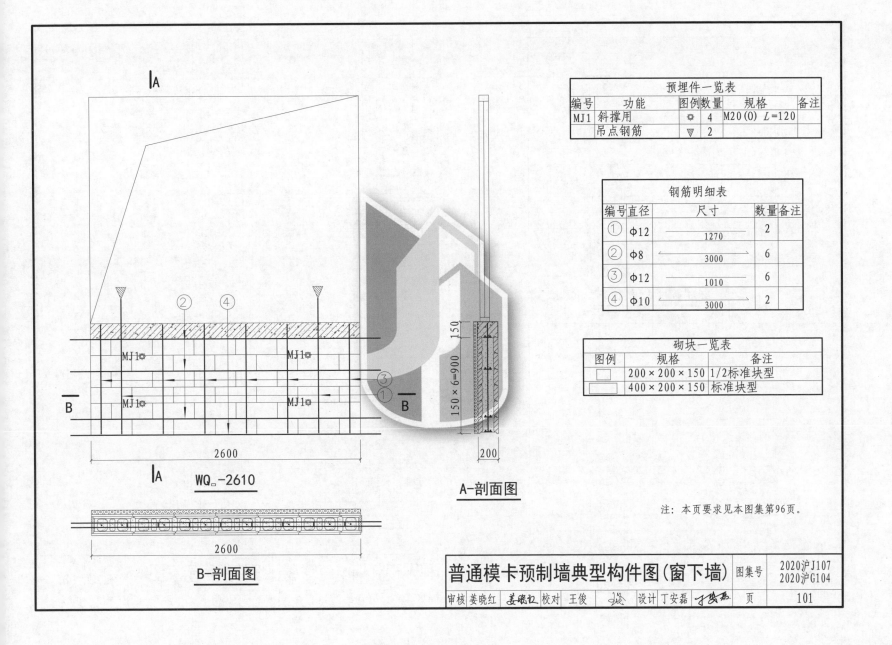

预埋件一览表

编号	功能	图例	数量	规格	备注
MJ1	斜撑用	⊙	4	M20(0) $L=120$	
	吊点钢筋	▽	2		

钢筋明细表

编号	直径	尺寸	数量	备注
①	φ12	1270	2	
②	φ8	3000	6	
③	φ12	1010	6	
④	φ10	3000	2	

砌块一览表

图例	规格	备注
▢	200×200×150	1/2标准块型
▭	400×200×150	标准块型

注：本页要求见本图集第96页。

WQ□-2610

A-剖面图

B-剖面图

普通模卡预制墙典型构件图(窗下墙)

图集号	2020沪J107 2020沪G104

| 审核 | 姜晓红 | 姜晓红 | 校对 | 王俊 | | 设计 | 丁安磊 | | 页 | 101 |

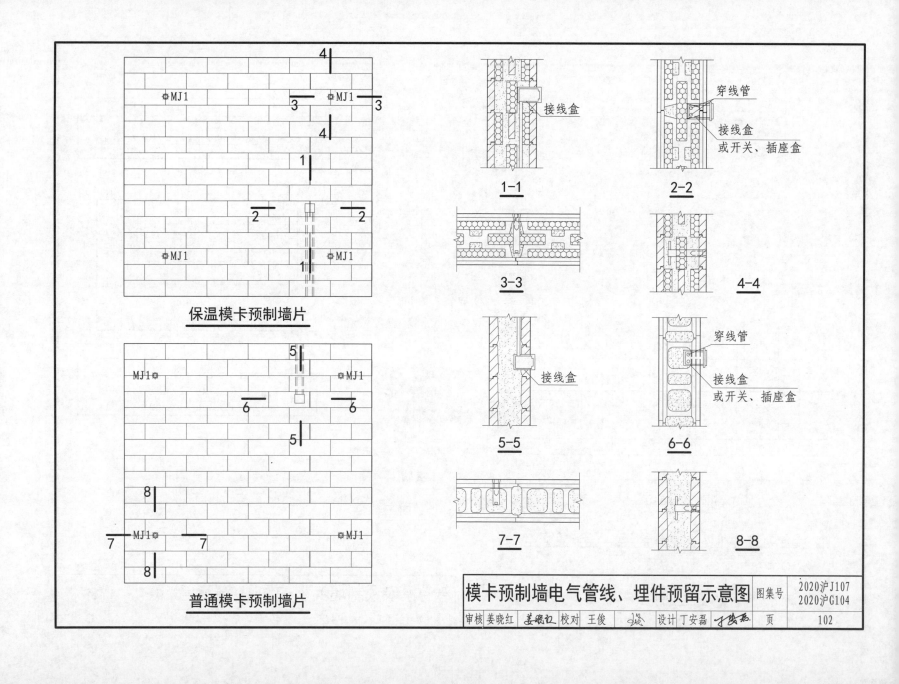

保温模卡预制墙片

普通模卡预制墙片

接线盒

1-1

穿线管

接线盒
或开关、插座盒

2-2

3-3

4-4

接线盒

5-5

穿线管

接线盒
或开关、插座盒

6-6

7-7

8-8

模卡预制墙电气管线、埋件预留示意图

图集号 2020沪J107 2020沪G104

审核 姜晓红 姜晓红 校对 王俊 设计 丁安磊 页 102

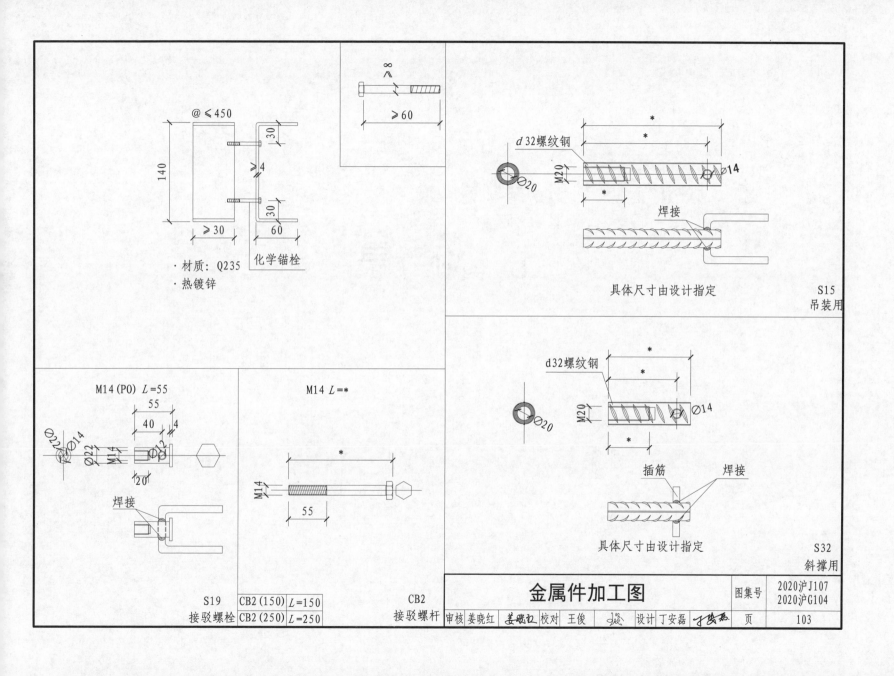

@≤450

140

≥4

≥30

60

30

30

化学锚栓

·材质：Q235
·热镀锌

≥8

≥60

d32螺纹钢

M20

Ø20

Ø14

焊接

具体尺寸由设计指定

S15
吊装用

M14(PO) L=55

55

40   4

Ø22
Ø14

Ø22

M14

Ø12

20

焊接

M14 L=*

M14

55

d32螺纹钢

M20

Ø20

Ø14

插筋   焊接

具体尺寸由设计指定

S32
斜撑用

| S19 | CB2(150) | L=150 |
| 接驳螺栓 | CB2(250) | L=250 |

CB2
接驳螺杆

金属件加工图

图集号 2020沪J107
2020沪G104

审核 姜晓红 姜晓红 校对 王俊 设计 丁安磊 页 103

5 附　录

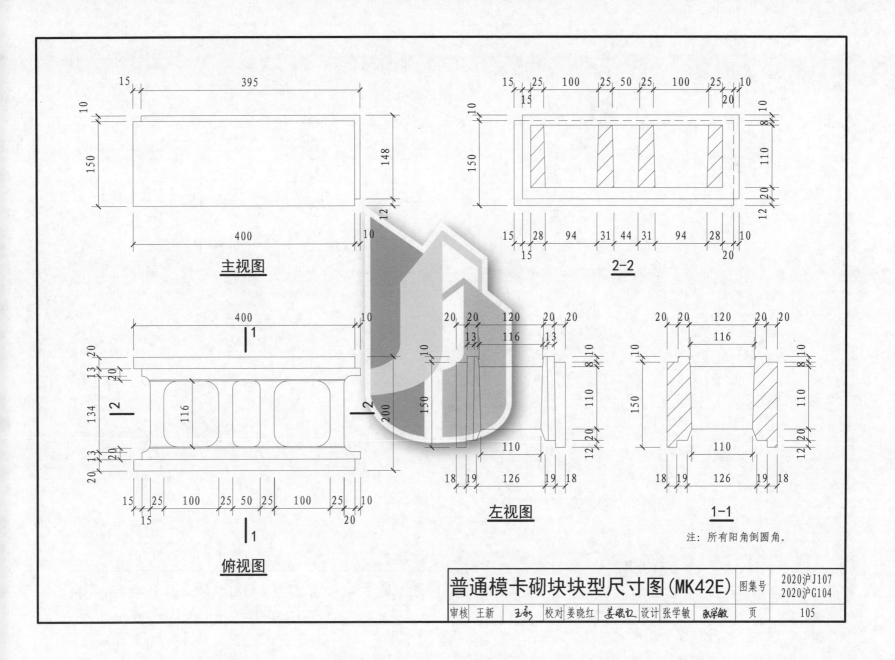

主视图

2-2

俯视图

左视图

1-1

注：所有阳角倒圆角。

普通模卡砌块块型尺寸图（MK42E）

图集号 2020沪J107 2020沪G104

审核 王新 王新 校对 姜晓红 姜晓红 设计 张学敏 张学敏 页 105

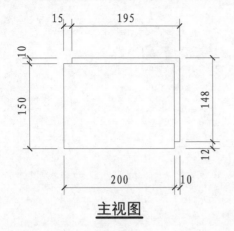

主视图

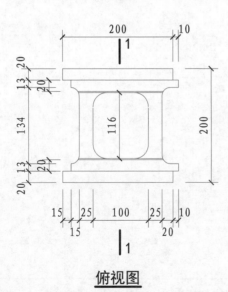

俯视图

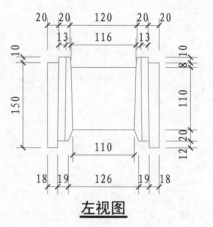

左视图

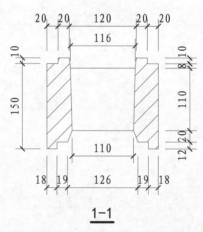

1-1

注：所有阳角倒圆角。

普通模卡砌块块型尺寸图（MK22E）

图集号	2020沪J107 2020沪G104

| 审核 | 王新 | 王新 | 校对 | 姜晓红 | 姜晓红 | 设计 | 张学敏 | 张学敏 | 页 | 106 |

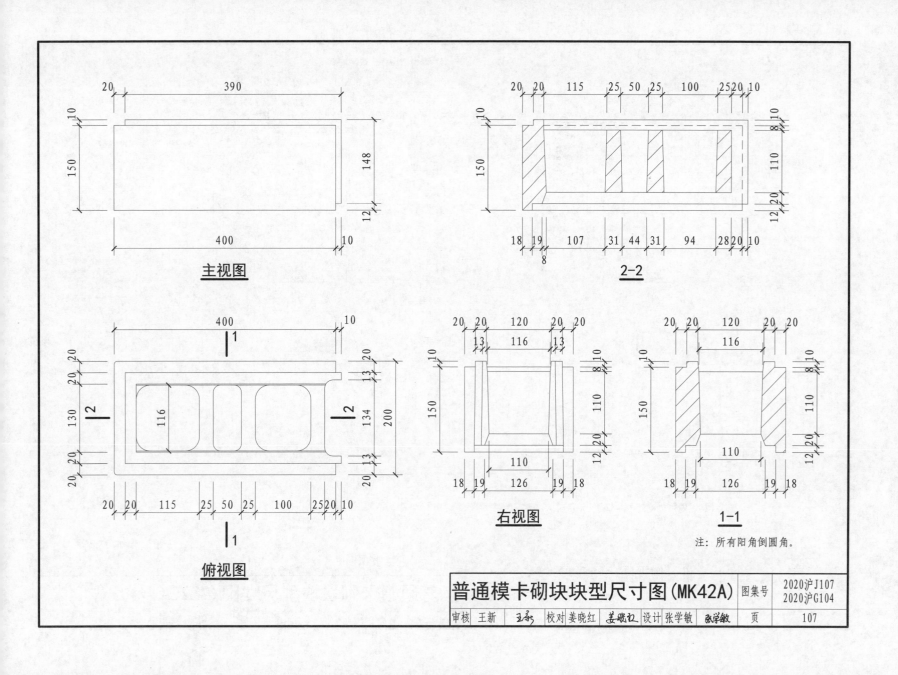

主视图

2-2

俯视图

右视图

1-1

注：所有阳角倒圆角。

普通模卡砌块块型尺寸图(MK42A)

图集号 2020沪J107 2020沪G104

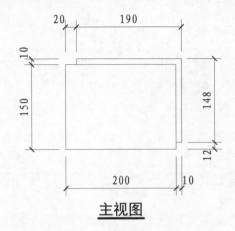

主视图

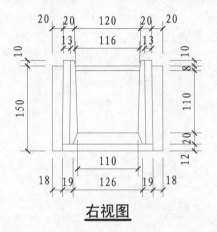

右视图

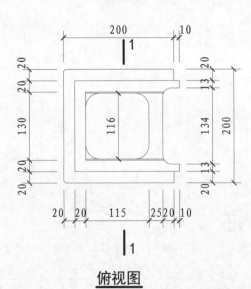

俯视图

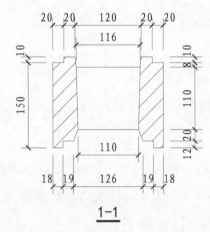

1-1

注：所有阳角倒圆角。

普通模卡砌块块型尺寸图（MK22A）

图集号	2020沪J107 2020沪G104

| 审核 | 王新 | 王新 | 校对 | 姜晓红 | 姜晓红 | 设计 | 张学敏 | 张学敏 | 页 | 108 |

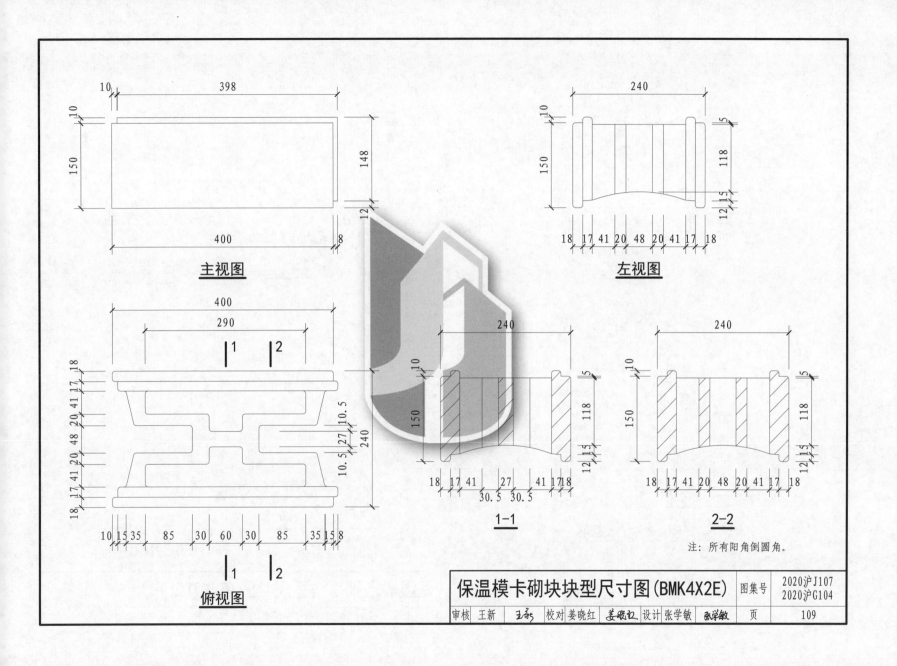

主视图

左视图

俯视图

1-1

2-2

注：所有阳角倒圆角。

保温模卡砌块块型尺寸图(BMK4X2E)

图集号	2020沪J107 2020沪G104

审核	王新	校对	姜晓红	设计	张学敏	页	109

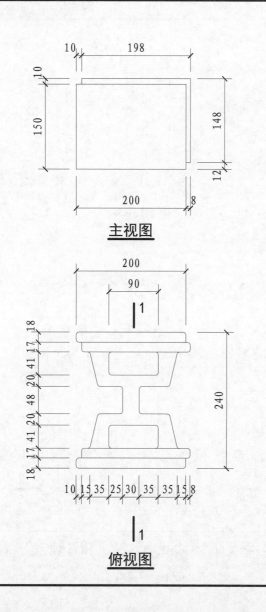

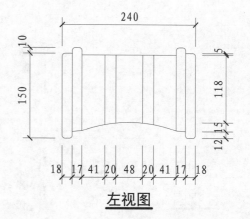

主视图

左视图

俯视图

1—1

注：所有阳角倒圆角。

保温模卡砌块块型尺寸图(BMK2X2E)

图集号　2020沪J107　2020沪G104

审核　王新　王新　校对　姜晓红　姜晓红　设计　张学敏　张学敏　页　110

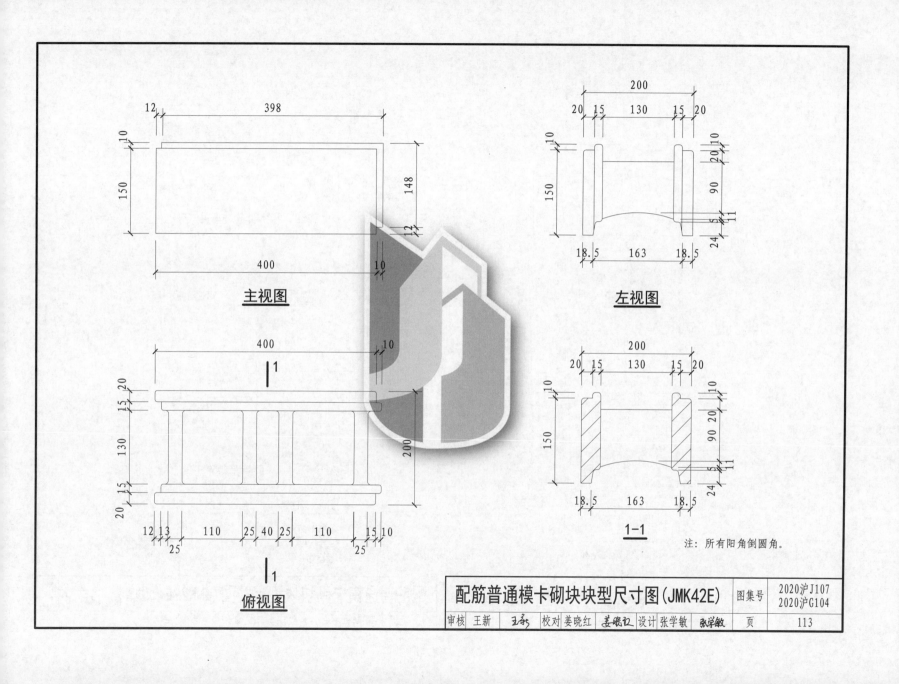

主视图

左视图

俯视图

1—1

注：所有阳角倒圆角。

配筋普通模卡砌块块型尺寸图(JMK42E)	图集号	2020沪J107 2020沪G104

| 审核 | 王新 | 王新 | 校对 | 姜晓红 | 姜晓红 | 设计 | 张学敏 | 张学敏 | 页 | 113 |

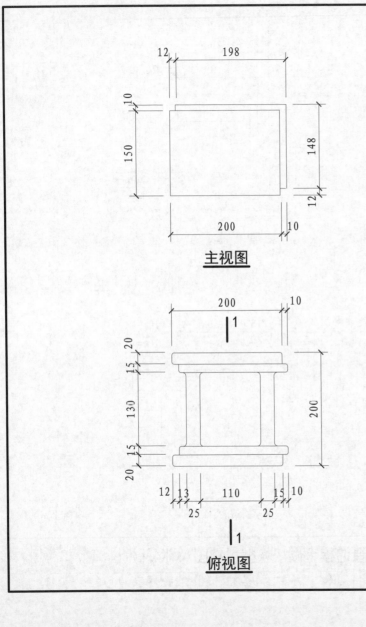

主视图

俯视图

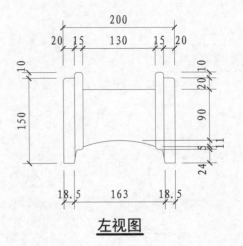

左视图

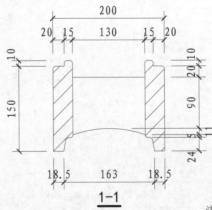

1-1

注：所有阳角倒圆角。

配筋普通模卡砌块块型尺寸图(JMK22E)

图集号	2020沪J107 2020沪G104

审核	王新	王新	校对	姜晓红	姜晓红	设计	张学敏	张学敏	页	114

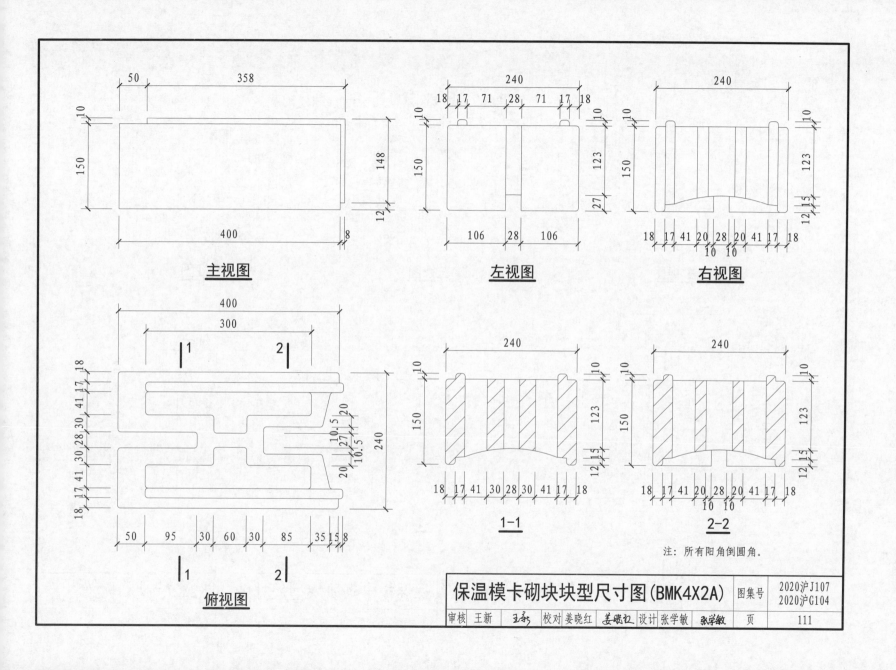

主视图

左视图

右视图

俯视图

1-1

2-2

注：所有阳角倒圆角。

保温模卡砌块块型尺寸图(BMK4X2A)

图集号	2020沪J107 2020沪G104

审核	王新	王新	校对	姜晓红	姜晓红	设计	张学敏	张学敏	页	111

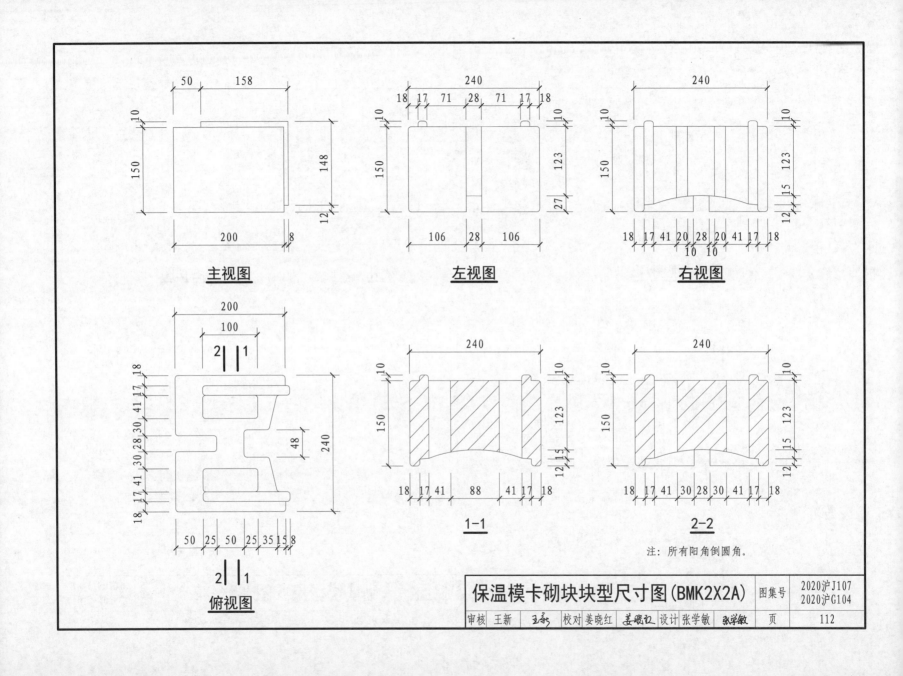

主视图

左视图

右视图

俯视图

1-1

2-2

注：所有阳角倒圆角。

保温模卡砌块块型尺寸图（BMK2X2A）

图集号　2020沪J107
2020沪G104

审核　王新　王新　校对　姜晓红　姜晓红　设计　张学敏　张学敏

页　112

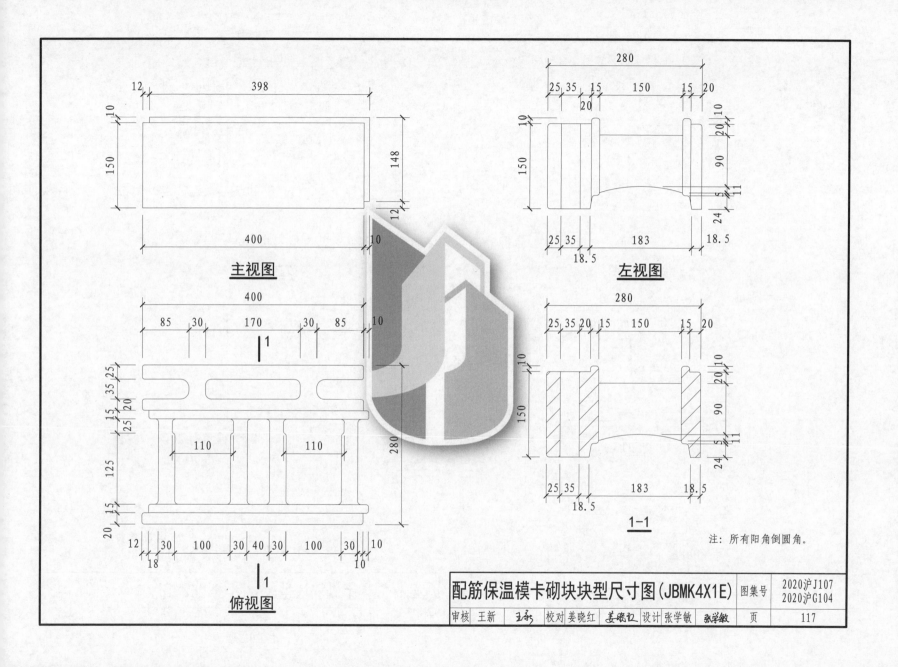

主视图

左视图

俯视图

1-1

注：所有阳角倒圆角。

配筋保温模卡砌块块型尺寸图（JBMK4X1E）

图集号 2020沪J107 2020沪G104

审核 王新　校对 姜晓红　设计 张学敏

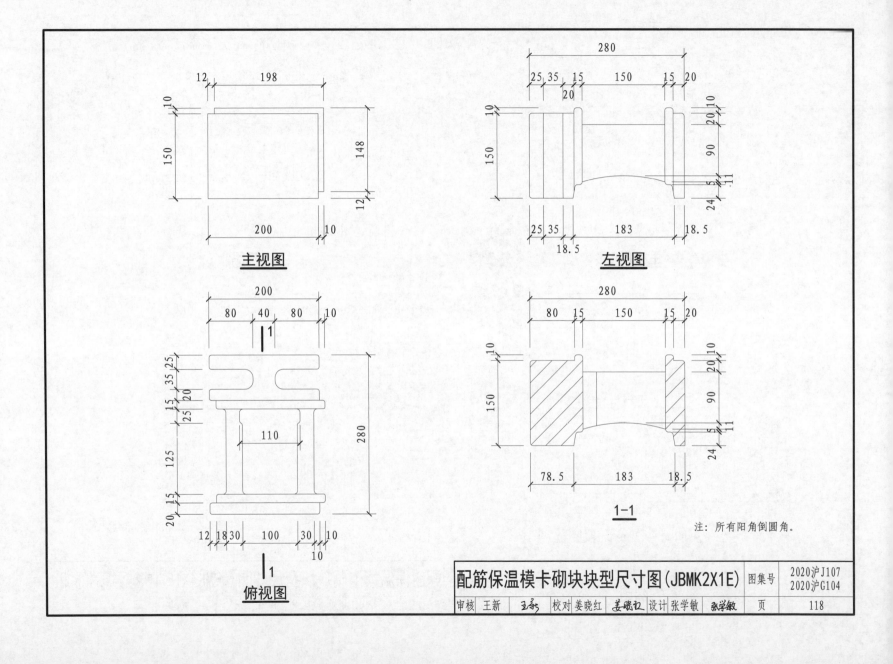

主视图

左视图

俯视图

1-1

注：所有阳角倒圆角。

配筋保温模卡砌块块型尺寸图(JBMK2X1E)

审核 王新　校对 姜晓红　设计 张学敏　页 118

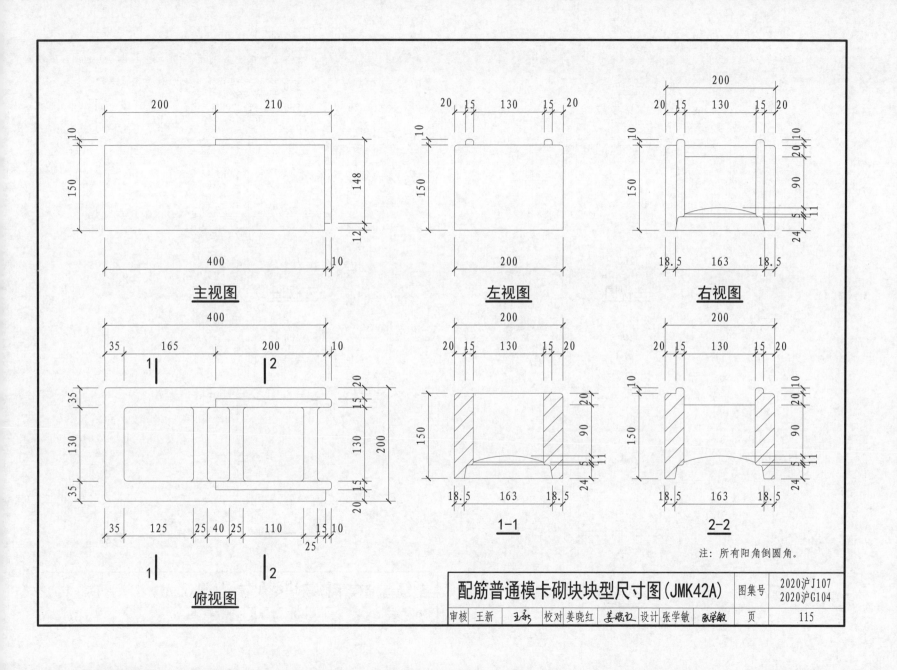

主视图

左视图

右视图

俯视图

1-1

2-2

注：所有阳角倒圆角。

配筋普通模卡砌块块型尺寸图(JMK42A)

图集号 2020沪J107 2020沪G104

审核 王新　校对 姜晓红　设计 张学敏　页　115

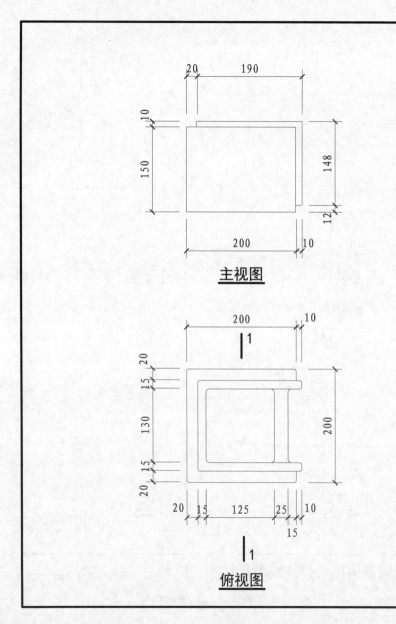

主视图

俯视图

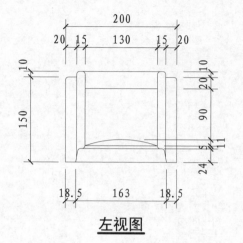

左视图

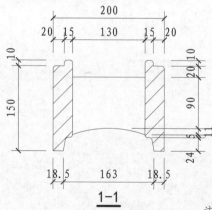

1—1

注：所有阳角倒圆角。

配筋普通模卡砌块块型尺寸图(JMK22A)

图集号 2020沪J107 2020沪G104

| 审核 | 王新 | 校对 | 姜晓红 | 设计 | 张学敏 | 页 | 116 |

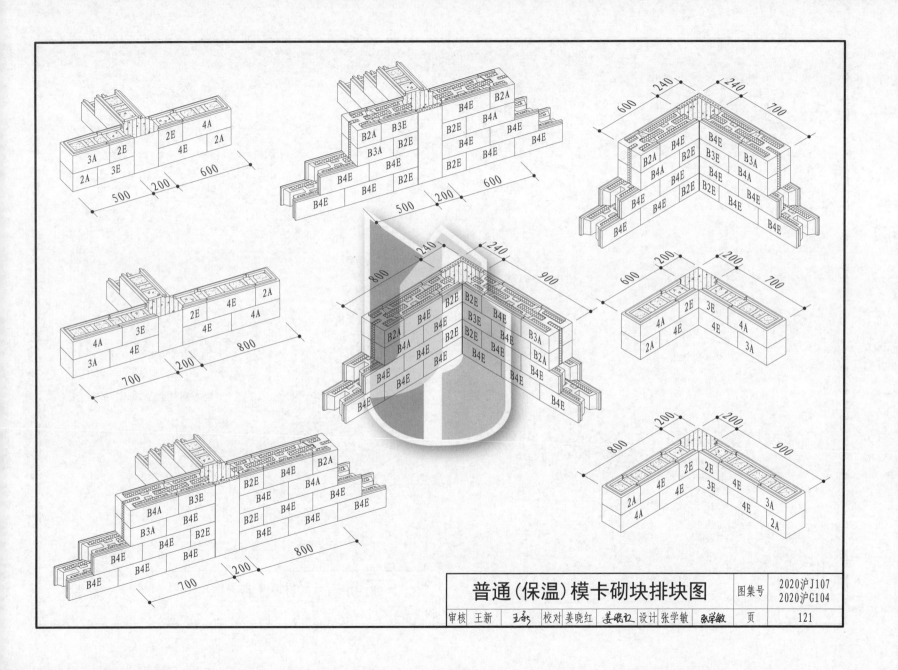

普通(保温)模卡砌块排块图

图集号 2020沪J107
2020沪G104
审核 王新 校对 姜晓红 设计 张学敏 页 121

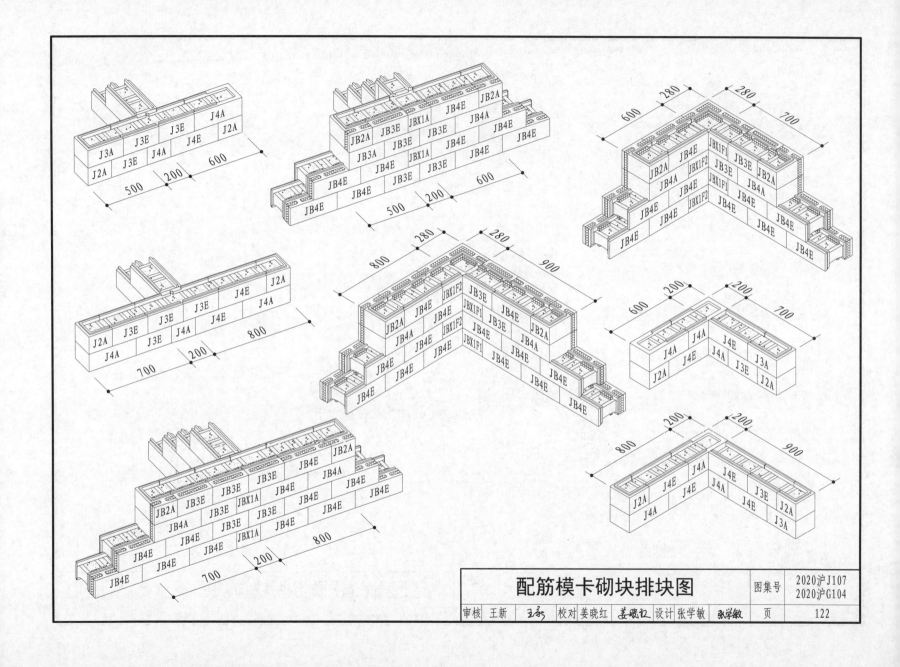

配筋模卡砌块排块图

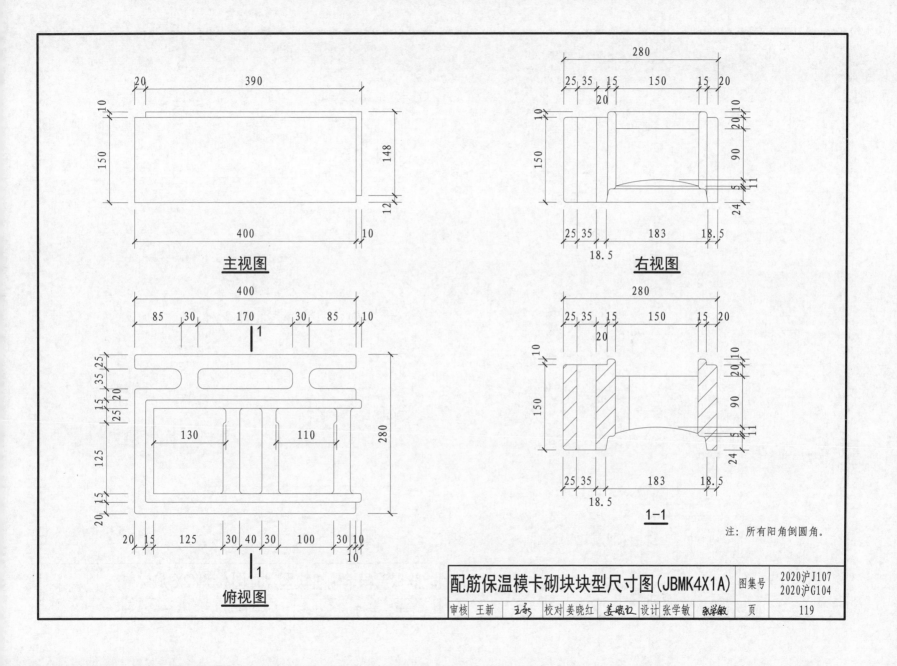

主视图

右视图

俯视图

1-1

注：所有阳角倒圆角。

配筋保温模卡砌块块型尺寸图（JBMK4X1A）

图集号　2020沪J107　2020沪G104

审核　王新　校对　姜晓红　设计　张学敏

页　119

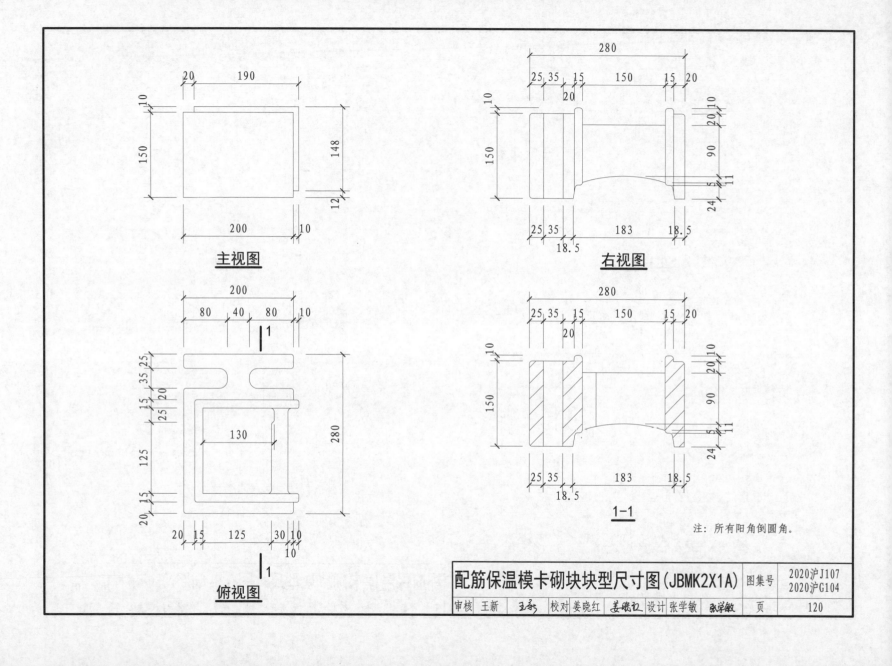

主视图

右视图

俯视图

1-1

注：所有阳角倒圆角。

配筋保温模卡砌块块型尺寸图(JBMK2X1A)

图集号	2020沪J107 2020沪G104

| 审核 | 王新 | 王新 | 校对 | 姜晓红 | 姜晓红 | 设计 | 张学敏 | 张学敏 | 页 | 120 |

附表2　配筋保温模卡砌块墙物理性能参数

砌块类型	墙体构造示意图	保温材料	传热阻 [m²·K/W]	传热系数 [W/(m²·K)]	空气声隔声量 (dB)
	1.280厚配筋保温模卡砌块 2.20厚水泥砂浆双面粉刷	模塑聚苯板	0.926	0.929	>50

注：本表说明详见本图集第123页。

附表3　模卡砌块砌体自重

墙体类型	自重(kN/m²)	墙面粉刷	自重(kN/m²)
200mm厚普通模卡砌块墙	3.80	双面粉刷	4.60
		单面粉刷	4.20
120mm厚普通模卡砌块墙	2.20	双面粉刷	3.00
225mm厚保温模卡砌块墙	3.39	双面粉刷	4.19
240mm厚保温模卡砌块墙	3.50	双面粉刷	4.30
260mm厚保温模卡砌块墙	3.63	双面粉刷	4.43
200mm配筋普通模卡砌块墙	5.00	双面粉刷	5.80
280mm配筋保温模卡砌块墙	5.80	双面粉刷	6.60

注：1. 砌体自重为灌浆、芯柱、构造柱等综合自重统计的平均值。
2. 粉刷为20厚混合砂浆。如不做20厚砂浆粉刷，采用批嵌可根据其厚度进行计算。

模卡砌块墙物理性能参数(三)	图集号	2020沪J107 2020沪G104
审核 王新 王新　校对 姜晓红 姜晓红　设计 张学敏 张学敏	页	125

附表1 保温模卡砌块墙物理性能参数

砌块类型	墙体构造示意图	保温材料	传热阻 [m²·K/W]	传热系数 [W/(m²·K)]	空气声隔声量 (dB)
	30 30 30 1.225厚保温模卡砌块 2.20厚水泥砂浆双面粉刷 2 1 2 20 225 20	模塑聚苯板	1.19	0.84	>50
7 150 400	30 40 30 1.225厚保温模卡砌块 2.20厚水泥砂浆双面粉刷 2 1 2 20 225 20	模塑聚苯板	1.33	0.75	>50
	40 45 40 1.240厚保温模卡砌块 2.20厚水泥砂浆双面粉刷 2 1 2 20 240 20	模塑聚苯板	1.67	0.60	>50

注：1. 墙体粉刷均为20mm厚的预拌砂浆双面抹灰，蓄热系数S_C取值2.76W/(m²·K)。
2. 孔洞内嵌入保温材料的导热系数为0.039W/(m²·K)。
3. 墙体热工性能不满足节能要求时，可采取其他附加措施，如增设或加厚保温层。
4. 如果工程所用墙体实际参数与本表不同，应参照相关标准规范计算采用。

模卡砌块墙物理性能参数（一）	图集号	2020沪J107 2020沪G104
审核 王新 王新 校对 姜晓红 姜晓红 设计 张学敏 张学敏	页	123

续表

砌块类型	墙体构造示意图	保温材料	传热阻 [m²·K/W]	传热系数 [W/(m²·K)]	空气声隔声量 (dB)
	45 55 45 1.260厚保温模卡砌块 2.20厚水泥砂浆双面粉刷 2 1 2 20 260 20	模塑聚苯板	1.82	0.55	>50
	55 70 55 1.320厚保温模卡砌块 2.20厚水泥砂浆双面粉刷 2 1 2 20 320 20	模塑聚苯板	2.08	0.48	>50

注：本页说明详见本图集第123页。

模卡砌块墙物理性能参数（二）

图集号 2020沪J107 2020沪G104

| 审核 | 王新 | 王新 | 校对 | 姜晓红 | 姜晓红 | 设计 | 张学敏 | 张学敏 | 页 | 124 |